SHIYONG PENGREN
TIAOWEI JIFA YU PEIFANG

# 实用烹饪调味
# 技法与配方

张云甫 编著

中国纺织出版社有限公司

**图书在版编目（CIP）数据**

实用烹饪调味技法与配方 / 张云甫编著 . -- 北京：
中国纺织出版社有限公司，2021.8（2024.4重印）

ISBN 978-7-5180-6768-8

Ⅰ . ①实…　Ⅱ . ①张…　Ⅲ . ①调味法　Ⅳ .
① TS972.112

中国版本图书馆 CIP 数据核字（2019）第 228374 号

责任编辑：闫　婷　国　帅　　责任校对：楼旭红

责任印制：王艳丽

中国纺织出版社有限公司出版发行

地址：北京市朝阳区百子湾东里 A407 号楼　邮政编码：100124

销售电话：010—67004422　传真：010—87155801

http://www.c-textilep.com

中国纺织出版社天猫旗舰店

官方微博 http://weibo.com/2119887771

天津千鹤文化传播有限公司印刷　各地新华书店经销

2021 年 8 月第 1 版　　2024 年 4 月第 3 次印刷

开本：710×1000　1/16　印张：9

字数：126 千字　定价：58.00 元

## 编委会

顾　问：李长茂　　曹成章　　王树温

主　编：张云甫　　赵作燕

编　委：张书琴　　徐晓朋　　孙云孝　　王文学

　　　　郭金伟　　刘　腾　　张宗照　　苗春杰

　　　　姜长勇　　王培河　　王继显　　徐明清

实用烹饪调味技法与配方

# 目 录
Contents

第二章

话说调味

# 第一节 味的作用

从广义上讲，凡能赋予和改变原料（菜肴）口味的原料都称调味品。从狭义上讲，调味品和"调料"是有区别的，调味品是指所有能够赋予和改变原料口味的原料；而"调料"是调味品中的一部分，并且是以"人工制作"为特点的。调味品是以"天然生成和简单的人工制成"为特点的，比如说，作为调料的"精盐"与作为调味品的"花椒"两者相比，是很明显的。"调料"不能单独作为一种原料制成"菜肴"而被食用，只能以"调料"的形式被利用，它的食用价值是通过"味别"来体现的。调料在菜肴中是"无形"的，只有通过"味道"才有感于实际存在。调味品是可以单独作为某种菜肴被食用的，如"干红辣椒"既可以和它种原料制菜，赋予其"辣味"，也可以"油炸辣椒"制成菜肴被单独食用。调味品在菜肴中的体现是"有形"的，是直接可以看到的，如"宫保鸡丁"中所用的"干红辣椒"不但有辣味，而且还可直观到"辣椒"。实际上，调料只不过是调味品中较为特殊的原料，但是，在菜肴制作过程中，所起的作用能大大超过调味品。如菜肴中的咸味、酸味、甜味等，大都是由作为调料的精盐、醋和白糖来调制的。对于制菜的原料，调味品有两重性：一是可以赋予原料口味，如黄瓜、青笋、肉类等，它们没有任何味别，只有经过调味品的调味才得以构成菜肴；二是可以改变原料的某些味别，某些原料虽然是有其较浓的味道，但是这种味道并不是菜肴口味所需要的，通常被称作"异味"，如鱼的腥味、牛羊肉的膻味等，在制菜时，它是需用某些调味品的调制，才得以将其最大限度地改变与消除。再就是某些原料固有的味道虽然不属异味之列，但与其他味格格不入，这就需用其他调味品将其改变，如苦瓜，本身味甚苦，但如果与调味品辣椒一起炒食，两味合一才会被人接受。

调味就是通过原料和调味品的恰当配合，经过在一起搅拌或者加热的过程，去除原料的不良滋味，发挥其原有的鲜美滋味。例如，家庭中要做酸汤面页吃，除了面页外，就得用盐、油、味精、醋等调味品把本来没有滋味的"甜"面页，改变成有酸香味的面页，这就是调味。也正是由于各种原料和各种调味品的巧妙配制，才使中国饭菜"百菜百味"，因而也形成了"一菜一格"的特点。如果原料和调味品调治不细，是很难做出味美的菜肴的。

调味主要应该掌握以下几点：

1. 掌握原料的性质，准确适量地投放调味品

对鲜嫩的鱼、肉、虾、鸡、鸭及新鲜的蔬菜，要注意保持其本身的鲜嫩味，调料时过分咸、甜、酸、辣、苦，反而不美。对牛肉、羊肉和不新鲜的鱼、虾或猪的头、蹄、五脏等原料，因有异味，人们难以接受，调味的原则则应适量用糖、醋、料酒、胡椒面、葱、姜、蒜或胡萝卜、洋葱等调味品，以达到解除腥、膻异味的目的。对海参、银耳、豆腐、粉皮等本身无滋味的原料，则要合理的调味才能达到滋味鲜美的目的。

2. 根据烹调要求，准确适量地投放调味品

有的菜肴一菜几味，这就需要掌握味的主次，投放调味品的主次要分明。

3. 根据进餐者的口味投放调味品

每个菜的口味并不是一成不变的，要因地、因时、因人而异。一般说来，吃便饭时的菜肴口味偏重些；亲朋好友聚餐时，菜肴丰富多样，以口味偏轻为宜。

4. 根据季节变化进行调味

人的口味往往随着季节的变化而变化。一般说来，天气炎热，人们的口味偏于清淡；气候寒冷，人们的口味偏于浓重。因此，在调和菜肴的口味时，应注意季节的变化，以适应人们口味的要求。

调料如同人们穿的衣服，妇女戴的头饰，善于用调料的人，应在用酱以前先尝其是否甘甜，用油前先看一下生熟，用酒之前先去其糟粕，用米醋时须看其是否清澈。因酱有清浓之分，油有荤素之别，酒有酸甜之异，醋有陈新之殊，因菜而宜才好。烹调时调味品的添加顺序应是，先加渗透力弱的，后加渗透力强的。炒菜时应先加糖，随后放食盐、醋、酱油和味精。如果先放了盐，

便会阻碍糖的扩散，因食盐有脱水作用，会促使蛋白质凝固，使食物表面发硬且有韧性，糖的渗入就很困难。还要注意，没有香味的调料（加糖、食盐等）可在烹调中长时间受热；而有香味的调料，如长时间受热，就会使香味散失。味精的主要成分是谷氨酸钠，受不了高温，只能在最后放入。基本味就是主要味，也就是单一的一种调味品，包括咸、香、甜、辣、酸、鲜、苦七种。

（1）咸味　咸味是百味之首，盐有百味之王的雅称。古代著名医师陶弘景在谈到咸味的作用时说："五味之中，唯此不可缺。"在调味中一般皆先入咸味，作为基础底味，再调以其他口味。例如，鱼有很高的营养价值，味道也比较鲜美，如果不加咸味，食用时，就提不出美味了。咸味调味品主要有各类盐、酱油、黄酱等。

（2）香味　香味种类很多，可以使菜肴产生各种类型的香气，促进食欲，并有去腥解腻的作用。主要有花生油、芝麻油、棕榈油、动物油等各类调油。还有桂皮、大料（八角）、葱、蒜、小茴香、花椒、香菜、丁香、香叶、桂花、芝麻酱、香糟、茶叶等。

（3）甜味　甜味是老少皆宜的口味。中国菜系有南甜北咸，东辣西酸之说。甜味除使菜肴甜润外，还有增加营养、补充热量之功能，并有使菜肴甜润、去腥解臊、增加鲜美口味的效果。主要调味品有白糖、冰糖、红糖、麦芽糖、葡萄糖、水果糖、蜂蜜、大枣等。

（4）辣味　辣味是基本口味中刺激性最强的一种调味，具有刺激胃口、促进消化、除去异味、增加美味的作用。另外它还有抗潮湿，御风寒之功效。辣味在西南、华南和东北地区以食用辣椒为主；在华北、华东地区以食用大葱大蒜为主。它的调味品有干辣椒、鲜辣椒、辣椒酱、辣椒面、生姜和姜粉等。它们能强烈刺激人的食欲，帮助人体吸收养分，有助于消化。

（5）酸味　酸是人体生存的重要营养成分。各类蛋白质都是由氨基酸组成的。蛋白质经过酸、碱、酶的作用才能被人体所吸收。在调味品中酸有去腥解腻，使菜品香气四溢，诱人食欲的作用。并可使食物原料中的钙质分解，达到骨酥肉烂的功效。常用的酸性调味品有香醋、米醋、白醋、熏醋、红醋、陈醋、果酸，以及山楂、柠檬、柑橘、番茄酱等。酸性物质和碱性物质容易发生反应，亦称中和反应，在使用中应灵活掌握。

（6）**鲜味**　鲜味是人们比较喜欢的一种味，在基本味中，它仅次于咸味。鲜味的来源有两种，一是原料自身含有的氨基酸受热散发出来的，二是调味品如虾子、虾油、蟹子、味精等。

（7）**苦味**　苦味也是一种带有刺激性的味。它一般不为人们所喜欢，但在烹制某些食品时略加一点苦味调味品，会使菜肴有一种特殊的香鲜滋味，能刺激人的食欲。苦味调味品主要有杏仁、陈皮、苦瓜等。

人们在烹调各种菜肴时，很少使用一种调味品，多是几种调味品混合使用，其所形成的滋味为复合味。这些口味在中国菜的烹调中起主导作用。

（1）**酸甜味**　又称糖醋味。它是由咸味、甜味、酸味和香味混合而成。它的调味料主要有盐、酱油、糖、醋、葱、姜、蒜、味精等。酸甜味又分为四种类型：酸味大于甜味的酸甜味，如广东菜"番茄鱼片"等；甜味大于酸味的甜酸味，如北方菜的"樱桃鱼"等；酸甜两味对等的，也就是酸甜适中的，如北方菜的"糖醋鱼"等；在酸甜味中含有辣酱油的芳香气味，如广东菜的"咕噜肉"等。

（2）**甜咸味**　是由咸味、甜味、鲜味和香味调和而成的。甜中有咸，咸中有香，香中有鲜。如广东菜"叉烧肉"等。它的主要调味料有盐、酱油、味精、酒、糖等。

（3）**辣咸味**　它是由咸味、辣味、鲜味和香味调和而成。如川菜的"辣子鱼"，辣中有咸，咸中散发着香味。它的调味料主要有盐、酱油、辣椒、大料、葱、姜、味精等。

（4）**鲜咸味**　鲜咸味是菜的最基本复合味，是由咸味和鲜味组成。主要调味料有盐、酱油、味精等。几乎各种地方菜的各种菜肴中都有这一味型。

（5）**香辣味**　它是由咸、辣、酸、甜味调和而成。香辣味的味型也很多，如"辣子鸡"等，它的主要调味料有盐、酱油、辣椒、醋、糖、葱、姜、蒜、咖喱汁等。

（6）**香咸味**　它是由香味、鲜味和咸味组成的。如广东的卤、北京的酱等都是香咸味的一种。香咸味的调味品主要有盐、酱油、能作为调料的中药材等。

（7）**麻味**　它是在菜中普遍使用的一种味型，主要调味料有花椒、盐、酱油、葱、香油、辣椒等，是一种极富刺激性的复合味。

（8）**三合油味** 它是由三种不同调料组成的味型。其主要调味料有酱油、醋、香油、味精等。为夏季常用的一种调味料，多用于凉菜。

（9）**怪味** 它是由咸味、甜味、辣味、麻味、酸味、鲜味和香味调和而成的，是川菜独有的一种味型。其主要的调味料有盐、酱油、糖、辣椒、花椒、醋、味精、葱、姜等。

（10）**涮羊肉的调味** 这是北京所特有的，没有固定的味型，由进餐者根据自己的口味自行调制。涮羊肉所用的调味料有酱豆腐汁、辣椒油（用干辣椒炸制）、芝麻酱、韭菜花、酱油、料酒、卤虾油、醋、胡椒面、葱花、香菜等。

（11）**葱油鸡味** 葱油鸡味是一种特殊风味。它是将人们不太喜欢、腥味较大的鸡油加上圆葱（洋葱）加热油炸后提炼出的一种新口味。

（12）**鱼香味** 鱼香味是川菜厨师创造的一种传统口味，随着烹调技术的交流，在其他菜系中也得到了广泛的应用。

（13）**酒香味** 酒是重要的烹饪调料，其在调味品中的地位不可低估。在制作菜肴时，适量加入酒，即产生出浓郁的酒香味。酒类品种较多，故将其列入复合味调料中。分为白酒、果酒、啤酒、料酒四大类。在烹调技术的应用中料酒又排在第一位，顺序应为料酒、啤酒、果酒（东北称之为色酒）、白酒。

调味主要有三种步骤：

（1）**加热前的调味** 这种调味方法是在下锅加热前进行调味，其目的是去掉异味，突出美味。主要是动物性烹调原料，都带有不同的腥、膻、臊异味。怎样去掉异味，突出美味，这是调味工作需要最先做的事。

①可用食盐、料酒、五香粉、味精、糖、酱油等调味品将原料腌渍一下，使异味在调味品的作用下被去掉，从而增加丰富的口味，这类基础调味的方法适用于炸、炒、爆一类菜肴的基础调味。

②将原料用蛋清、淀粉浆一下，又称上浆，适用于滑熘菜肴的基础调味。

③将佐料汤汁搅拌好，将主要烹饪原料腌渍一下一起下锅，适用于蒸、炖、罐焖、水煮的菜肴。

④将青笋、黄瓜、苦瓜、丝瓜等比较嫩的蔬菜类原料加热并用盐水或食盐腌渍一下，除去水分，使原料进咸味，也是基础调味。

基础调味应注意的一点是，切不可用盐过大。一次性用盐将口味一次调到位，这样不仅口味不好，也容易使肉类原料变硬，不酥烂。

（2）加热中的调味　又称正式调味。菜肴的口味是酸甜，还是麻辣？定什么味型就是在这一步实施。因此在做菜单、配料时就应事先确定好。

此步调味是在加热中调味，菜肴离火的时间又很快，因此所需的调料就要按顺序逐次下锅完成定型调味。

（3）加热后的调味　菜肴经过基础调味，定型调味后，是淡？是咸？根据口味差异进行调整，这就是辅助调味。

①辅助调料也有固定的格式，即不品尝，就是桌前将菜里滴上香油，加上香菜或葱花等。

②桌上调味。桌上调味是将调味品端上桌，再进行调味，一般是将酱油、醋用特制的小瓶或壶装好，摆在桌上，根据食者自己的口味爱好再调味。

③固定的形式。例如吃烤鸭时必须有甜面酱、葱、荷叶饼；涮火锅时必须有调料、配料等。

# 第二节　特殊的调味

## 一、根据不同的年龄

人在各个生长发育阶段，都有身体所需的主要营养成分。因此饮食根据不同的年龄段，应有严格的区分。老人、儿童不可同时进补，中老年人各种机能处于走下坡路的趋势，这时饮食上就需要进补，增补一些壮阳滋肾、缓解疲劳、能使精力更充沛的食物。而5～6岁的孩子也吃这样的食品，就很不好。而蛋白质、钙、磷、钾、维生素含量高的食品，才是儿童生长发育所需要的食品，任何激素或带刺激性的食品都会给儿童身体健康带来副作用。掌握了人对饮食的需要，在制作食品时，就根据不同层次的人进行调味。

## 二、根据性别而定

根据女性的一些生理特点，因此女性的食物应是养阴滋补。例如：糖类、蛋白质、水果、蔬菜等。特别是菠菜和水果对增铁补血有着很好的效果，另外在女性孕期、哺育期，更需要在饮食上给予照顾，这时期是一个人吃，两个人用。通常称之为三期的饮食，即经期、妊娠期、哺育期。能够注意到这方面的家庭，女性多皮肤细嫩，青春永驻；而不注意这方面家庭，女性多皮肤粗糙，肤色黑黄；常说的会保养和不会保养在于饮食调养。

## 三、应根据家庭成员所从事的职业来定

人的职业不同，所消耗的体力热量就不同，因此调味配餐时就应因人的职业不同进行调整。每天从事体力劳动能量消耗大者做的菜肴就要口重些、肥腻点，可做"红烧肉""猪肉炖粉条""香酥鸡""干烧鱼"等；轻体力劳动者，如医师、教师、公务员等人员可做一些口味清淡的。总之要"看客下菜"来调味。因时调味，就是根据春、夏、秋、冬一年四季的不同而进行的调味。因时调味有以下三个内容：

## 四、根据四季变化而定

人的口味随着季节的变化而有所差异，这与人体的新陈代谢状况有关。例如：冬季由于气候寒冷，人体能量消耗大，因而喜欢饮食厚肥的菜肴；炎热的夏季，身体水分挥发大、出汗多，气温高，气压低，因此嗜好清淡爽口的食物。我国民间有"冬季进补，夏季赛猛虎"之说。就是说在寒冷的冬季，人体代谢慢的情况下进补，既能抗御严寒又能储存热量；在夏季体能消耗大、食欲差的情况下，常能保持良好的身体状况。

一年四季，大江南北，不同的地点所产的产品是不一样的。渤海湾的春汛

大虾，舟山群岛（黄海）的春汛黄鱼，新疆秋季的哈密瓜、马奶子葡萄，广东的荔枝，浙江的茶叶等，都是季节性很强的产品。季节性强的产品就在这个节气采摘、捕捞，口味、营养价值最高。烹饪原料也在不同季节供应着市场，作为厨师，对这些时令性强的原料，应以了解，并随时根据季节选购。

自然界的植物，有着严格的规律性。春种、秋收、冬藏，是劳动人民对一年四季、节气与原料关系的高度概括。植物性原料，根据中国南北方地域、气候等不同条件，种植、采收有一定的差异。但每个地区小范围内的下种、生长、收获时期却是相对稳定的。有些知识也比较简单，例如：冬瓜披白纱，茄子穿紫袍。动物性原料也是根据不同的季节而"收获"的，例如，水生动物春天是大虾、黄花鱼、鲌鱼最肥嫩的时期，秋季是鲍鱼、海蟹、海参等收获的季节。至于其他的动物也是有季节性的，根据地域、特产、民俗、特色菜的品种多少来确定的。所以每个菜系根据自己当地的物产，创造了一系列有风味特色的菜。例如：传统的鲁菜是黄河下游、黄海等地的特产集中了济南地方特色，又融入孔府特色菜的许多地方的烹调方法，形成了独具特色的山东菜系——鲁菜。其代表菜有"油焖大虾""葱烧海参""糖醋鲤鱼""烩乌鱼蛋""糖醋藕片"等。特色是：口味醇厚，原汁原味，色重味浓，咸鲜为主。如果把"麻婆豆腐""水煮肉片"等具有川菜风格的菜做成了山东菜，那就没有了风味。特别是对于多味菜肴，必须分清味的主次，才能恰到好处地使用主、辅料，例如：有的菜以酸甜味为主，有的菜以鲜香味为主，还有的菜上口甜收口咸，或上口咸收口甜等。确实惟妙得很。对厨师来说，不懂的一定要请教懂的老师或者请教书本，切不可盲目用，使做出的菜"咸不咸，甜不甜，无滋无味。"

原料是烹调之本。有什么样的原料，就能烹调出什么样的菜肴。例如：有鸡，才能烹制出"白切鸡""香酥鸡""怪味鸡""炸鸡块""爆鸡丁""辣子鸡""叫花子鸡"等。有虾，才能做出"油焖大虾""干炸大虾"等。原料有了，烹调技法掌握了，要做好这些菜的重要环节就是调味了。

新鲜的鸡、鱼、虾和蔬菜烹调原料，其本身就有一种特殊的鲜味，调味不应过量，以免掩盖其天然美味。如果原料本身的鲜度欠佳，调味时调味品可以适当地用重一点，以便解除异味。

　　腥膻气味较重的原料，例如：鱼、牛、羊肉及动物内脏等，调味时应酌量多加些去腥解腻的调味品，如：料酒、醋、糖、葱、姜、蒜、辣椒等，以便减少恶味，增加鲜美味。新鲜的海虾、螃蟹，味美性甘，蛋白质含量丰富，不宜调味过度，加热时用葱、姜，食用时用姜汁即可，以保持其特有的风味。

　　本身无特定味道的原料，例如：海参、鱼翅、木耳、银耳、燕窝、鱼肚、蹄筋等，除必须用鲜汤外，还应当按照所要烹制菜肴的特点加入相应的调味品。

　　调味品一般都是有独特风味的，为保持其独特的风味，以防跑味、串味，在存放时可选用专用的器皿。有条件的可以购买一些玻璃制品，专门用来存放调味品；没条件的，可以废物利用，例如，将用完的罐头瓶、豆腐乳坛子，以及一些玻璃杯等，把它们刷净、消毒、控干使用。每种调料要贴标签，以免用混。特别是白糖与碱面、小苏打，料酒与醋，白糖与食盐、味精等易混的调味品要分开隔层，分档存放。

# 第三节　调味的奇妙效果

## 一、味的增幅效应如何

　　味的增幅效应是将两种以上同一味道的物质混合使用，导致这种味道进一步加强的调味方式。如姜有一种土腥气，同时又有类似柑橘那样的芳香，再加上它清爽的刺激味，常被用于提高清凉饮料的清凉感。桂皮与砂糖一同使用，能提高糖的甜度。$5'-$肌苷酸与谷氨酸相互作用能产生鲜味的增幅效应。在烹调中，要提高菜的主味时，用多种原料的味扩大积数，例如当你想让咸味更加完善，你可以在盐以外加上与盐相吻合的调味料，如加味精、鸡精、高汤酱油、酱、豆豉等，这时的主味已扩大到成倍的盐鲜。所以适度的比例进行相乘方式的补味，可以达到提味的效果。

## 二、味的增效作用如何

味的增效作用，即民间所说的提味，是将两种以上不同味道的呈味物质，按悬殊比例混合使用，导致量大的那种呈味物质味道突出的调味方法。也就是说，由于使用了某种辅料，尽管用量极少，但能让味道变强或提高味道的表现力。如少量的盐加入鸡汤内，只要比例恰当，鸡汤立即呈现特别的鲜美，所以说要想调好味，就必须先将百味之主抓住，一切都迎刃而解了。

调味中咸味的恰当是一个关键，当食糖与食盐的比例大于 $10 : 1$ 时可提高糖的甜味，当反过来的时候就会发现不光是咸了，似乎出现了第三者鲜了。这个实验告诉我们，对此方式虽然是靠悬殊的比例将主味更突出，更强，但这个悬殊的比例是有限的，究竟什么比例最合适，这要在做菜的实践中体会。

## 三、味有抑制效应吗

味的抑制效应又叫味的掩盖，是将两种以上味道明显不同的主味物质混合使用，导致量大的那种呈味物质的味减弱的调味方式，即某种原料的存在而明显地减弱了味的强度。

在较咸的汤里放少许黑胡椒，就能使汤的味道变得圆润，这属于胡椒的抑制效果，如辣椒很辣，但在辣椒里加入糖、盐、味精等调味品，不仅缓解了辣味，味道也丰富了。

## 四、调味是有规律的

调味就是把烹调所采用的主料、辅料和调味品有机地结合起来，烹制加热过程中经过各种物理变化和化学反应，除去异味、苦味，增加鲜味、美味，使菜肴形成一种新的滋味，从而增进食欲，有益健康并给人以美的享受，这就是调味要达到的目的。

至于调味的规律，那就首先应该了解食物的本性。两千多年以前，秦代出版的《吕氏春秋·本味篇》中讲到："水生者存腥味；食肉者带臊味；食草者有膻味。"也就是说在动物性烹饪原料中，水里生长的鱼、虾、蟹、甲鱼、鱿鱼、墨斗鱼等身上存有腥味。而食肉的动物狗、猫、黄鼠狼等，身上带有臊味。食草动物牛、羊、骆驼、兔子、鹿等肉中有膻味。

异味、恶味主要来自动物性烹饪原料，只要了解了各种动物的特殊异味，找出了抑制它的调料，也就找出了规律。就可以根据古人总结出来的经验，再利用自己掌握的调味知识，解决调味的难题，烹制出美味佳肴来。

调味具有以下几种作用：

（1）能使淡而无味的原料获得鲜美的滋味  如海参、豆腐、粉皮等原料，本身不具备鲜美滋味，必须用多种调味品调和，才能成为滋味鲜美的佳肴。

（2）能改变和确定菜肴的滋味  如家庭经常食用的菠菜、芹菜等多种原料，本身不具备鲜美的滋味，而又有各种异味，如在烹制中加入适当的调味品，如盐、糖或味精等，便能减轻或消除异味，使其具有鲜美的滋味。此外，对于同一种原料，因所调入的调味品不同，成菜的口味也各不相同。如以肉丁为例，既可烹制"酱爆肉"，又可烹制"辣子肉丁""宫保肉丁"等。确定这几种肉丁菜肴不同口味的就是不同的调味品。

（3）能去腥膻、除油腻  在家庭中经常食用的牛肉、羊肉和鱼类原料均带有腥膻气味，而猪肉又有较重的油腻。这些腥膻、油腻虽然可以通过加热解除一部分，但不彻底，必须用葱、姜、醋、糖、料酒、胡椒面等调味品来解除。

（4）能为菜肴增添色彩  菜肴的美色，是运用多种调味品进行恰当处理来完成的，例如酱油、糖色等，经过加热，不仅使菜肴有滋有味，还因其色泽红亮使菜色生辉。

（5）调料还有许多其他方面的妙用，如治病、防病  像健胃的丁香、理气的小茴香、抗菌的大蒜、作中药引子的黄酒等。另外在日常生活中，调料也有许多用处，如用食盐擦洗玻璃器皿光亮如新，用醋美容有很好的疗效，用酒可以贮藏水果，用姜可以治疗斑秃、晕车，花椒可以防止米生虫等。因此调料不仅是烹制食品中必需的，在日常生活中也是必不可少的。

调味料的分类

# 第一节　咸的发展

　　5000年前，在人类发现食盐的防腐作用之后，盐被作为世上稀有的珍品。公元前，为了取得盐，在埃及、希腊和罗马，人们四处奔波，出现了"盐之路"，和专事护送运盐车队的军团士兵，或以重兵把守盐场，如意大利台伯冈岸边的山岭里的一个奥斯基盐矿场，就是由政府派重兵驻守的。

　　由于盐的稀有昂贵，以至有些地方把它作为工资来支付给士兵。直至现在，欧洲的某些国家还有这种说法："它值多少盐"。

　　在中世纪，贵族身份的高低就是由就餐时放在餐桌上的盐罐的样式、装帧来区别的。国王也用无与伦比的罐子来装盐以显耀其至高无上的身份。法国皇帝用过的盐罐，是400多年前由意大利杰出雕刻家别维努托·契利尼用黄金、珐琅和象牙精工制成的，它已作为盛装过盐的工艺品，存放在奥地利首都维也纳艺术史博物馆里。

　　20世纪初，盐对某些国家仍是稀有珍品，当时，埃塞俄比亚的国库里贮存着大量食盐，因为当时用黄金也难买到白色食盐。

　　人类饮食文化正是从品尝万物开始的，大自然赐予人类的万物中，哪些能食用，哪些不能食用，都是通过人的亲口品尝的积累，才获得食用经验的。正是古代先民无数次地大胆品尝，才构筑起了人类饮食文化进步的阶梯。古代先民经过无数次随机性地品尝海水、咸湖水、盐岩、盐土等，尝到了咸味的香美，并将自然生成的盐添加到食物中去，发现有些食物带有咸味比本味要香，经过尝试以后，就逐渐用盐作调味品了。

　　我国关于食盐制作的最早的记载是关于海盐制作的记载。古籍记载，炎帝（一说即神农氏）时的诸侯宿沙氏首创用海水煮制海盐，即所谓"宿沙作煮盐"。历史上是否真有宿沙氏其人，尚不可断定。实际上，用海水煮盐，也不可能是宿沙氏一人之所为，而是生活在海边的古代先民经过长期摸索和实践创造了海盐制作工艺。在当前尚无更新的考古发现和典籍可资证明的情况下，"宿沙做煮盐"可视为我国海盐业的开端，宿沙氏是我国海盐的创始人。

自贡为井盐之都，盐帮为美食之族。"吃在四川，味在自贡"植根于巴蜀文化，结胎于川菜系列，伴随着盐业经济的繁荣与发展而形成的自贡盐帮菜，成为有别于成渝两地"上河帮""下河帮"菜系的川南"小河帮"杰出代表。自贡盐帮菜，既是我国饮食文化中的一朵奇葩，又是我国盐文化的组成部分，也是千载盐都风情民俗的重要体现，更是当代川菜系列中的重要品牌。

盐是人们日常生活中不可缺少的食品之一，每人每天需要一定量的盐（小于6克）才能保持人体的正常活动、维持正常的渗透压及体内酸碱的平衡，同时盐是咸味的载体，是调味品中用得最多的，号称"百味之祖（王）"。放盐不仅增加菜肴的滋味，还能促进胃消化液的分泌，增进食欲。

盐的分类主要有海盐、井盐、池盐、矿盐等。

## 一、盐的性能

盐，味咸，性平。归胃、肾经。能调味中和，益肾润燥。有补心润燥、泻热通便、解毒引吐、滋阴凉血、消肿止痛、止痒之功效，是维持人体正常发育不可缺少的物质。它调节人体内水分均衡，维持细胞内外的渗透压，参与胃酸的形成，促使消化液的分泌，能增进食欲；同时，还保证胃蛋白酶作用所必需的酸碱度，维持机体内酸碱度的平衡和体液的正常循环。人不吃盐不行，吃盐过少也会造成体内的含钠量过低，发生食欲不振，四肢无力，晕眩等现象；严重时还会出现厌食、恶心、呕吐、心率加速，脉搏细弱、肌肉痉挛、视力模糊、反射减弱等症状。

若长期过量食用盐容易导致高血压、动脉硬化、心肌梗死、中风、肾脏病和白内障的发生。

高盐膳食所致摄盐量过高，是诱发高血压的一个重要因素，这早已成为共识。最近，医学界研究发现，食盐摄入过多还可引起诸多的不良反应。

口味重易患胃病：胃黏膜会分泌一层黏液来保护自己，但黏液怕盐，如果吃得太咸，日积月累，胃黏膜的保护层就没有了。酸甜苦辣长驱直入，娇嫩的胃怎么能受得了呢？长久会引起胃溃疡、胃炎，甚至胃癌。

盐多皱纹多：法国有句俗语，叫作"美女生在山上，不生在海边。"据法国美容师解释，因为住在海边的女性平时摄入的盐量较多，所以皮肤很容易长出皱纹，自然影响美观。而山区的女性较少吃盐，皮肤往往光滑细腻。

脑卒中：专家们研究提示，摄盐量过高可使脑卒中的发生率增加。虽然食盐与脑卒中的这种关联是机制目前尚不十分明了，但降低摄盐量，不仅使血压下降，而且可减轻动脉硬化的程度，从而也就可以有效地降低脑卒中的发生率。

肾脏病：膳食摄盐量高会促使肾脏血管发生病理性改变，加重肾脏的负担，影响肾脏功能。专家们发现，高盐摄量可加速肾脏病人肾功能的减退。因此，专家告诫人们，肾脏病患者一定要控制钠盐的摄入量。

骨质疏松：膳食盐量是排钙的主要决定因素，摄盐量越高，尿钙也就越高。研究表明，低钙摄量以及高盐摄量所致高尿钙，是导致骨骼中的钙减少，引起骨质疏松的重要原因。

哮喘：专家发现，男子摄盐量中度减少以后，哮喘症状减轻，气管扩张剂用量减少，最高呼气量增加，但女性无此现象。因此，专家们也极力主张哮喘病人也应严格控制钠盐的摄入量。多吃盐也对人体有害无益。

## 二、盐的作用

食盐调味，能解腻提鲜，祛除腥膻之味，使食物保持原料的本味；盐水有杀菌、保鲜防腐作用；用来清洗创伤可以防止感染；撒在食物上可以短期保鲜，用来腌制食物还能防变质；用盐调水能清除皮肤表面的角质和污垢，使皮肤呈现出一种鲜嫩、透明的靓丽之感，可以促进全身皮肤的新陈代谢，防治某些皮肤病，起到较好的自我保健作用；盐除了食用之外，还可以作防腐剂，利用盐很强的渗透力和杀菌作用保藏食物；盐在工业上用途也很广，是重要的工业原料；盐用于催吐，应炒黄后溶化服用；水化点眼，洗疮；用

于阴虚火旺，大便燥结。可于空腹时服淡盐开水等。

### 三、盐的使用

**1. 出锅前加盐**

由于现在的食盐中都添加了碘或锌、硒等营养元素，烹饪时宜在菜肴即将出锅前加入，以免这些营养素受热蒸发。

**2. 烹调前加盐**

即在原料加热前加盐，目的是使原料有一个基本咸味，在使用炸、爆、滑熘、滑炒等烹调方法时，都可结合上浆、挂糊，并加入一些盐，因为这类烹调方法的主料被包裹在一层浆糊中，味不得入，所以必须在烹前加盐；另外有些菜在烹调过程中无法加盐，如荷叶粉蒸肉等，也必须在蒸前加盐，烧鱼时为使鱼肉不碎，也要先用盐或酱油擦一下，但这种加盐法用盐要少，烹调时间要短；

**3. 烹调中加盐**

这是最主要的加盐方法，在运用炒、烧、煮、焖、煨、滑等技法烹调时，都要在烹调中加盐，而后是在菜肴快要成熟时加盐，减少盐对菜肴的渗透压，保持菜肴嫩松，养分不流失；

**4. 烹调后加盐**

即加热完成以后加盐，以炸为主烹制的菜肴即此类，炸好后撒上花椒盐等调料。

**5. 菜肴中食盐的添加量**

人可以感觉到食盐咸味的最低浓度是0.1%～0.15%，而口感最舒服的食盐溶液的浓度是0.8%～1.0%。

制作鸡、鱼一类的菜肴应少加盐，因为它们富含具有鲜味的谷氨酸钠，本身就会有些咸味。

在制作酒席、宴会菜肴时，应注意适当减少菜肴中食盐的添加量。因为这些菜肴主要是宾客饮酒时的菜肴，而并非吃主食时的菜肴。在制作酒席菜肴时还应注意菜肴的咸味应随上菜的次序而逐渐低（冷菜、大件、小炒、汤）。

6. 食盐与其他味之间的反映

食盐在烹饪中常常是与其他调味料（如食醋、砂糖、味精等）共同使用的，菜肴中添加了食盐以后，其他味的调味料将与其发生相互作用，最终反映到菜肴的滋味上（如制作菜时盐味重时，加白糖就可缓解）。

①咸味加苦味则咸味减弱。

②味精加入微量的食盐可增加味的鲜度。

③咸味加入糖，可减弱咸味。

④甜味加入微量的咸味，可增加甜味。

## 四、盐的种类

### （一）加碘盐

加碘盐主要是针对我国一些山区或边远地区人体普遍缺碘而研制生产的。因为在一些远离海洋的内陆山区，其土壤中的含碘量较少，水中和食物中的含碘量也不高。食用效果与温度、时间和烹调方式都有密切的关系。因此，食用加碘盐时，一定要考虑到碘的食用效率，要做到烹调时尽量后放盐，不要在爆锅时放，不要在高温条件下加入碘盐，以避免碘的挥发。

### （二）风味型食盐

风味型食盐是一类新型食盐，这类食盐不会像一般食盐那样，易受空气中湿气的作用而发生潮解，具有较高的防止结块的效果。而且这类食盐能迅速溶于水，并可因所吸附物质的组成不同而产生各种风味。这类风味食盐是餐桌调味品中具有独特风味的食盐，包括柠檬味食盐、香辣味食盐、芝麻香食盐。

这种调味盐可直接用于炒菜、凉拌菜以及作为快餐酒宴上的桌上调味品，味极美且使用方便，用途广泛。

### （三）调合盐

以优质精盐加多种香料或其他调味料调成，有大虾盐、五香盐、胡椒盐、辣椒盐、花椒盐、苔菜盐及姜香盐、咖喱型，混合香型等盐，宜于汤、凉菜、热菜、汤面、水饺馅等，可简化程序，增加食品鲜味，除椒盐外，一般不易炝锅爆炒。

（1）**苔菜盐**　浙江产，以当地产苔菜，加精盐调制成，海藻香味宜于汤菜。

（2）**胡椒盐**　胡椒面加精盐调制而成，盐炒热掺入胡椒面即成，宜烹水产品，牛羊肉及汤菜去腥起香。

（3）**辣椒盐**　盐炒热（90～120℃）加辣椒面制成，宜烹辣味菜肴及小菜。

（4）**花椒盐**　配比2：1（四川花椒最好），盐炒热加花椒炒出香味，凉后研成粉末，宜烹面、肉类，增强汤、肉汁风味，可作炸制品佐料。

（5）**五香盐**　即准盐，精盐炒热加五香粉，芳香浓郁，增加风味，宜烹调烧焖肉类菜，可作炸制品佐料。

（6）**大虾盐**　新型调味盐，精盐加大虾粉为主的多种香料，宜滑、烧，汤菜馅料等，作汤味物鲜。

## 五、酱及酱油

大部分调味品本身的营养素含量不多，并没有太高的营养价值，但是调味品可以改善食物的色、香、味，增进食物的风味，提高食欲，帮助消化，所以在营养上有重要作用。市场上常见的酱和酱油类调味品可分为以下几类。

1. 酱的品种

（1）**大豆酱**　大豆酱是以大豆为主要原料制成的酱，又称黄豆酱或豆酱，我国北方地区称大酱。它的生产原料为大豆、面粉、食盐和水，经过制曲和发酵而制成，以咸味为主，适合于卤制中酱汤调味及调色。

（2）**蚕豆酱**　蚕豆酱是以蚕豆为原料而制成的酱，有时也称为豆酱。由于大豆是我国的主要油料作物，用途极为广泛，不可能主要用来制酱，而我国的蚕豆的产区范围却很大，数量也多，因而是一种适宜的代用原料。蚕豆酱的制曲和发酵方法与大豆酱基本相同，适合于卤制品和叉烧汁用料。

（3）**面酱**　面酱也称甜酱、甜面酱又叫甜味酱。它是以面粉为主要原料制成的酱，由于其味咸，有一定的甜味而得名。面酱是利用米曲酶分泌的淀粉酶将面粉发酵而成。面粉中的少量蛋白质经曲酶所分泌的蛋白作用，将蛋白质分解为各种氨基酸、短肽等，从而使面酱又稍有鲜味，成为一种风味特殊的酱。适用于酱爆和酱烧菜类用料。

（4）**豆瓣辣酱**　豆瓣辣酱也称蚕豆辣酱原产于四川资中、资阳、绵阳一带。制作豆瓣辣酱的原料有蚕豆、面粉、辣椒、食盐、甜酒酿、麻油、红曲等，适用于鱼香型和煲仔菜的某些菜用料。

（5）**花色辣酱**　它是以豆辣酱为主体，添加各种辅料后形成的花色辣酱如芝麻辣酱、牛肉辣酱、鱿鱼辣酱、淡菜辣酱等。作为辅料的肉类、水产类、芝麻酱、花生酱按一定比例添加到豆瓣辣酱中，从而配制出各种各样的花色辣酱，适合于风味特色及创新菜类。

（6）**味噌（新时代的常用新型料）**　味噌是一种大豆和谷物的发酵制品，其中含有盐，也称作发酵大豆酱，味噌源于日本，还广泛使用于东南亚各国和欧美等国。

味噌的种类很多，大多数味噌是膏状的，其坚实性和光滑性与奶油相似，色从浅黄色的奶油白到深色的棕黑色。一般说来，颜色越深，其风味越强烈。味噌具有典型的咸味和明显的芳香味。

根据原料的不同，味噌可以分为三大类：一是大米味噌，由大米、大豆和食盐制得；二是大麦味噌，由大麦、大豆和食盐制得；三是大豆味噌，由大豆和食盐制得。如果按味道还可分为甜味噌、半甜噌和咸味噌。在上述这些味噌中，大米味噌是最常见的，占消费量的80%以上。味噌在烹调中的作用很广泛，它适用于炒、烧、蒸、烩、烤、拌菜肴的调味，可起到丰富口味补咸鲜、增香，并具有一定的上色作用，使菜肴获得独特的风味。味噌的营养价值很高，其中含有多种氨基酸和碳水化合物以及多种矿物质。日本人称味噌是具有鱼和肉的营养作用，其大豆中的蛋白质经发酵分解，变得更易被人体消化吸收。

味噌的存放最重要的是注意防止生霉变质，尤其是甜味噌和半甜味噌，因其食盐含量较低，不宜久贮，宜尽早食用完为好。

（7）白酱油　适用于色彩清淡的烹调；使用刚削下的柴鱼片制作。适合于重柴鱼、海带口味食品或调味酱料者。

可随口味喜好调整；使用于冷豆腐、纳豆食品时，请误稀释使用。

（8）龟甲万面味露——素面　大圆豆所酿制酱油。使用方法：用于素面、凉面，味道淡雅，不要稀释使用，否则美味会大打折扣。

（9）寿司酱　拌醋饭的专用酱。

（10）味噌酱料　可用于乌龙面、凉面、石头海鲜锅的调味。添加芝麻，香味倍增。

（11）天妇罗蘸酱　口感甘醇酱油，添加上大量柴鱼片、北海道产海带和新鲜萝卜泥，制成正统、简便的天妇罗蘸酱。

（12）煮物酱　炖煮专用调味料。使用天然海带、柴鱼片和精选酱油制作而成。

（13）福泉烤鳗酱　照烧式烤鳗专用酱。

（14）东南亚的酱料　东南亚菜品在口味上偏重酸、辣、甜，在酱料的使用上也颇为特殊。

由于地理环境的关系，许多酱料都是由海鲜制成，味道大多相当浓厚，借此提升做菜的鲜美，是提味的好帮手。

比如泰式菜品就十分讲究调味，利用多种香料与调味料来烹调，因此菜肴口味重、很开胃；马来西亚的菜肴以辣为主，做菜上大量使用咖喱、辣椒粉、黄姜粉等辛香料；至于越南美食最常使用鱼露作为酱料，不管什么食物都可蘸鱼露食用。

这些方便的酱料做菜出地道的南洋风味。

（15）豉油膏　豉油膏的制法较复杂。原料选用优质的大豆，再经浸洗、蒸豆、制豉、洗豉，二次发酵，滤油，日晒夜露等多道工序，历时一年以上，一般每100千克大豆只可得到上等豉油膏18～20千克，上等豉油膏的色、香、味质俱佳，风味独特，并易于存放，久藏不坏。

2. 酱油的品种

酱油是从豆酱演变和发展而成的。中国历史上最早使用"酱油"名称是在宋朝，林洪著《山家清供》中有"韭叶嫩者，用姜丝、酱油、滴醋拌食"的记述。此外，古代酱油还有其他名称，如清酱、豆酱清、酱汁、酱料、豉油、豉汁、淋油、柚油、晒油、座油、伏油、秋油、母油、套油、双套油等。公元755年后，酱油生产技术随鉴真大师传至日本。后又相继传入朝鲜、越南、泰国、马来西亚、菲律宾等国。唐贞元二十年（公元804年），日本高僧空海到我国长安留学，也将中国制酱技术带回日本。约在公元1200年的日本镰仓时代，有一位叫觉心的日本高僧到中国经山寺修行，归国之前，掌握了经山寺祖传酱的技术。归国后在名叫纪州由良的地方，创立了兴国寺，并向附近的人们传授制酱技术。从此之后，经过漫长的发展时期，酱油的酿造技术在日本发扬光大。

（1）普通酱油 酱油也是一种用途极为广泛的咸味调料。酱油在烹制菜肴时具有调味和着色（白酱油除外）的双重作用。从酱油的生产类型上来看，目前世界上的酱油主要分三大类：

亚洲型——主要以鱼类为原料生产的鱼露。

欧洲型——主要用盐酸或酶将动植物蛋白质水解后所得到的水解液。

中国型——主要以豆类或麦类为原料经过发酵制成的酱油。

酱油的滋味是一种综合味。主要有咸、甜酸、苦、鲜等味。优质酱油的滋味还有鲜新、醇厚、调和的特点。

（2）辣酱油 辣酱油是酱油的一种，其又可分成两种，一种以酱油加辣椒泡制，一定时间后捞去辣椒煮沸后冷却而成，具辣味，多用于调拌；另一种以高级酱油多种调料、药材、水果、青菜等调制而成，有促食欲，助消化的特点。

用辣酱油蘸食各种油炸食品，无须再用香醋、食糖、味精、辣油之类调料，因为它已具有鲜、辣、酸、甜、咸多种味道。辣酱油不以豆类做原料，是用辣椒、生姜、丁香、砂糖、红枣，鲜果等产品以及上等食材为原料，经过高温浸泡煎熬，过滤而成。因其色泽红润与酱油无异，又是一种调料，故而人们习惯地称它为辣酱油。

（3）**特色酱油** 在普通酱油中添加辅料，使之成为别具风味的特色酱油，根据地区，习惯不同，特色酱油的品种也很多，如虾子酱油、榨菜酱油、味精酱油、冬菇酱油、蘑菇酱油等。这里介绍常见的几种：

①虾子酱油：特鲜味酱。

②蘑菇酱油：花菇酱油、猴头酱油。

③甜叶菊酱油。

④忌盐酱油，又称无色酱油。

⑤果汁酱油。

⑥固体酱油：酱油的一种，用高级酱油加砂糖、精盐、味精等原料配制后，要经浓缩制成，味鲜美而卫生，便于携带，贮存，烹饪应用时以凉开水溶解即成。

⑦加铁酱油：铁是人体必需的营养成分之一，它在人体中参与氧的转运、交换和组织的呼吸过程。加铁酱油的颜色略比普通酱油深些。它的风味与普通酱油相似。长期食用对人体无害。同时能达到均匀、方便、廉价地给身体补充铁元素的目的，是一种理想的营养型调味品。对治疗缺铁性贫血患者有较好地辅助作用。

⑧鱼露：鱼露又称鱼酱油，奇油。它是以海产小鱼如鲥鱼、三角鱼、小带鱼、马面鲢等为原料，用盐或盐水腌渍，经长期自然发酵，取其汁液滤清后而制成的一种咸鲜味调料。菜品如：鱼露三鲜，鱼露扒菜胆，鱼露熬全素。

鱼露在我国福建、广东等使用较广。可用于汤类、鲜贝类、畜肉、蔬菜等菜肴的调味，也可用于烤肉，烤鱼串，烤鸡的佐料，有独特的风味。

⑨蚌汁酱油：蚌汁酱油很适合在烹制鱼虾、肉类菜肴时使用，以咸味为主，并具有鲜味、香味，还可起到上色的作用。菜品如：香蚌吐珠，蚌汁罗汉，蚌汁鱼片。

⑩动物蛋白酱油：动物蛋白酱油中所含人体必需氨基酸的种类比较齐全，而且含量高，有利于促进人体健康，是一种营养价值较高的营养型酱油，它的鲜美味相似于一般酱油，口感也较好，唯一的不足是，动物蛋白酱油的风味稍逊于普通酱油，因为它不经过发酵酿造过程，风味物质形成得少，所以风味不及普通酱油浓郁。

⑪渗析膜减盐酱油：渗析膜减盐酱油在烹饪中的使用与普通酱油相似。尤其适用于那些不能多吃食盐的肾脏病和高血压患者的需要。用它烹制出的菜肴风味和色彩均很好。需注意的是，渗析膜减盐酱油中的食盐含量比普通酱油降低了一半，对细菌活动的抑制能力已有所下降，故需特别注意这种酱油的妥善保存，以防生霉变质。

⑫特级酱油：质量等级最高的人工发酵酱油，以其所含主成分（即无盐固形物）含量高低判定，含量高则味鲜美而醇厚、特级酱油主成分为100毫升，含量在25克以上。

⑬生抽：广东一带对浅色酱油或酱色较浅的酱油的俗称。这种酱油鲜味很浓，主要用于调主味。

⑭老抽：广东一带对深色酱油的俗称，一般用来调色。

⑮甜酱油：指具甜味的酱油。如云南通海甜酱油，是云南菜的独特调料。

⑯草菇酱油：是草菇汁和酱油的合成品，鲜味很美，制作突出鲜味的菜品时用一些效果较佳。

⑰鲜抽：是在生抽里又加了鲜汁（虾子汁、鱼酱汁）的酱油，色泽如琥珀，味极鲜。

⑱药膳酱油：中药与食物同出一源。药膳是将中药与食物相配，经烹饪加工而成，具有滋补养生或防治疾病作用的食品，味美可口，具有营养和治病的双重功能。

（4）大蒜酱油　蒜营养丰富，具有较高的药效，是人们喜爱的调料。大蒜的药效成分为挥发性的蒜辣素，对金黄色葡萄球菌、大肠杆菌有杀菌作用。另外，大蒜还含有大蒜苷，有降血压作用。大蒜的营养成分为蛋白质、脂肪、糖类及维生素A、维生素B$_1$、维生素C等。

（5）有机酱油　有机酱油是采用有机农作物为原料酿制的酱油。所谓有机农作物是指在两年以上不使用农药和化肥的田地上生长的农作物。

### 3. 酱和酱油的使用

将加工处理的生料放入预先调制好酱汤锅内用旺火烧开后改用中小火长时间加热，主料成熟入味，捞出冷却成型冷菜技法。

酱是古老的传统冷菜技法，成品色泽酱红，香气浓郁，质感酥烂，咸鲜味厚，肥而不腻，瘦而不柴。使用酱的注意事项如下：

①不同的地域产生不同的酱料，不同的酱料产生不同的味道，所以，制作菜时，选择酱的产地十分重要。

②酱料使用时要注意，打开酱的温度及使用时间是有要求的，因为酱在不同的温度中产生不同的发酵产物而变质。

③调酱时，温度相对平衡（常温）是为适宜，调好后放入恒温箱保存，时间最好在一至两天用完。

④炒制酱时，要先用大葱、大姜、大料炒香后的油来小火炒制酱料，加汤时，要加骨汤或者鸡汤。

⑤酱油分酿造酱油和化学酱油，酿造适宜于烧制热菜，化学酱油适宜于凉菜或蘸料。

⑥我国的酱油产地不同、酿造方法不同，所以味道也不同，应根据菜品特点选择酱油种类。

⑦我国的酱油在烹调中的用处分类有两种，调色老抽和调味生抽。国外的酱油一般用在煎烤时的烹汁，例如：李派啉急汁、日本万字酱油、辣酱油等。

⑧因为酱油含有一定的盐分（5%～15%），使用时注意口味的浓淡，特别是注意健康使用盐度。

# 第二节　甜的发展

史前时期，人类就已知道从鲜果、蜂蜜、植物中摄取甜味食物。后发展为从谷物中制取饴糖，继而发展为从甘蔗甜菜中制糖等。制糖历史大致经历了早期制糖、手工业制糖和机械化制糖三个阶段。早期制糖阶段中国是世界上最早制糖的国家之一。早期制得的糖主要有饴糖、蔗糖，而饴糖占有更重要的地位。

（1）制饴　将谷物用来酿酒造糖是人类的一大进步。中国西周的饴糖被认为是世界上最早制造出来的糖。饴糖属淀粉糖，故也可以说，淀粉糖的历史最为悠久。

（2）甘蔗制糖　甘蔗制糖最早见于记载的是公元前300年的印度的《吠陀经》和中国的《楚辞》。这两个国家是世界上最早的植蔗国，也是两大甘蔗制糖发源地。在世界早期制糖史上，中国和印度占有重要地位。

甜味，也称"甘"，基本味之一。甜味指各类糖、蜂蜜以及各种含糖调味品的味道。呈甜味的物质有单糖、低聚糖、果糖、葡萄糖、乳糖以及糖精等。它与烹饪的关系十分密切，许多菜肴的味道中都呈现出一定程度的甜味，它使菜肴甘美可口调和滋味，同时加入的食糖还可以提供人体一定的热能。

愉快的甜味感要甜味纯正，强度适中，能很快达到甜味的最高强度，并且还要能迅速消失。

自然界中能够呈现甜味的物质有多种，加之人工合成的甜味剂也很多，近年来新的甜味剂仍在继续不断地被发现或合成。但是在烹饪中常用的甜味调料并不是太多的，主要有红糖、白糖、冰糖、麦芽糖、糖精等，甘草和甜叶菊苷等有时也用于某些菜肴和面点之中。红糖、白糖、冰糖的主要甜味成分都是蔗糖。因此，蔗糖是一种最重要的甜味调料，下面分别介绍这些甜味调料。

### 一、甜味调料的种类

#### 1. 蔗糖

蔗糖是烹饪最常用的一种甜味剂。它是白糖、红糖、砂糖、绵白糖、冰糖的主要成分，蔗糖的来源主要是植物中，尤其以甘蔗（南方）和甜菜（北方）中含量最多，而动物体不含有蔗糖。蔗糖在烹饪中除了具有调味作用外，还可用来腌渍动植物原料，也就是我们常说的"糖渍"。它可使被腌渍的原料具备一定的防腐能力，一般常用于水果的腌渍。

甜味的高低称为甜度，它是衡量甜味剂的重要指标。不同的甜味剂具有不同的甜度。目前一般衡量甜度的高低只能凭人们的味道感受来鉴定和比较。当蔗糖与其他的甜味调料混合后，有互相提高甜度的作用，并可改进甜味的品质，又能降低成本。

#### 2. 麦芽糖

麦芽糖是由于淀粉在淀粉水解酶的作用下所产生的中间物。因在麦种发芽时，其中麦芽糖含量较高而得名。麦芽糖的甜度约为蔗糖的1/3，甜味较爽口不像蔗糖那样有刺激胃黏膜的作用，而营养价值是糖类中较高的。

#### 3. 蜂蜜

蜂蜜也是烹饪中所用的一种甜味调料。广泛应用于制作糕点和一些风味菜肴中，它不但具有很浓的甜味，而且蜂蜜所含的营养成分也十分丰富。除富含糖类外，还含有多种有机物、酯类、色素、乙酰胆碱、镁、钾、钙、硫、磷等。具有补中润燥、止痛、解毒等功效。

蜂蜜的色泽一般是淡黄色，呈半透明状态，且具有一定的黏性，温度较低时黏度会逐渐增大。

常用蜂蜜的种类和性质如下：

紫云英蜜——色浅、香雅，不会上瘾，为上等品。

油菜籽蜜——淡黄色、易结晶成白色细粒。

刺槐蜜——色淡、香浓，为蜂蜜的上等品。

蜜柑蜜——色淡，香味最好。

荞麦蜜——色暗，有特殊香味，制作糕点时常用。

豆类蜜——色白，风味好，易结晶。

紫芷蓿蜜——色金黄，风味温和。

### 4. 糖精

糖精是一种人工合成的甜味剂。

糖精可用于糕点、酱果、调味酱汁等食物中，以代替部分蔗糖。糖精既不易被消化吸收，又对人体没有营养价值，易产生苦味，所以，虽无毒害，也不宜多吃。

### 5. 甘草

甘草是我国民间传统使用的一种天然甜味剂。甘草是豆科多年生植物，现可以用作甜味调料，同时也可以当作常用中草药。甘草有解毒保护肝功能等医疗保健作用，现在不少食疗、食补的药膳中常常将甘草作为甜味调料。烹饪中，甘草或甘草汁可用来代替砂糖。在正常使用量下是安全的，不会影响身体的健康。但过于大量的食用后，有可能对心血管等产生不良的副作用。

### 6. 淀粉糖浆

淀粉糖浆在烹饪行业中有时也称葡萄糖浆。它是由淀粉在酸或酶的作用下，经不完全水解而制得的含有多种成分的甜味液体，淀粉糖浆的糖分组成为葡萄糖、麦芽糖、低聚糖、糊精等，淀粉糖浆易被人体消化吸收。

淀粉糖浆目前在面点制作中有较多的应用。

对于制作拔丝菜肴时，还可以利用淀粉糖浆有阻止蔗糖重新结晶的能力（即具有抗结晶）这一特性，在熬制拔丝菜肴的糖液时，添加适量的淀粉糖浆，可使锅中的蔗糖不容易重新结晶，而达到较好的拔丝效果。

### 7. 蜂乳

蜂乳为工蜂咽腺分泌的乳白色胶状物和蜂蜜配制而成的液体。性味甘、酸、平。具有滋补，强壮，益肝，健脾的功效。适用于病后虚弱、营养不足、年老体弱、传染性肝炎、高血压症、风湿关节炎和十二指肠溃疡等症。

### 8. 饴糖

饴糖为米、大麦、小麦、粟、玉蜀黍等粮食经发酵糖化制成的糖类食品，有软、硬两种。性味甘，温。含有麦芽糖及少量蛋白质、脂肪、维生素 $B_2$、维生素 C、维生素 $B_3$ 等。具有补虚缓痛，口渴，咽痛，便秘等症。

## 二、糖的品种

### 1. 蔗糖

甘蔗是主要甘味来源，收割后的甘蔗会放入压碎机中压出汁液，然后用化学方法将杂物沉淀，接着煮开成为饱和的溶液。得出的糖浆必须经过处理，让糖晶体"露出"。留下来的母液又称糖蜜，可以生产出进一步的晶体物。

红糖是在煮甘蔗汁生产第一阶段的糖晶及糖蜜时，所制造出来的产物。它之所以是红色，在于覆有一层糖蜜，洗过之后，糖晶就会变成带点淡金色的白色了。

在炼制糖晶的过程中，会产出糖晶体并留下糖浆残渣。这些糖浆更有价值，因为第二阶段的糖浆比第一阶段更浓缩。这类糖浆也有多种不同的色泽，从淡红到深红甚至接近黑色都有。最后剩下的是无法再生产的糖浆，又称赤糖糊糖蜜，是大约50％的糖和无机物及有机物的浓缩体。糖蜜可能是由不同的甘蔗糖浆混合而成，经过等级区分后上市出售，也可能是用白糖精炼过程中所得到的糖浆混合而成的。

### 2. 白细砂糖

白细砂糖的颗粒糖要细得多，通常用来烘焙蛋糕或糕饼。由于它的质地很细，可以快速溶于水，因此也常和水果及谷物一起使用。

### 3. 砂糖

市面上有数种不同质地的精炼白糖，其中最常见的是砂糖，可以摆上餐桌或用来烹调。

### 4. 腌渍用糖

在精炼厂中煮沸以取得较大颗粒或较大结晶体的糖，制作蜜饯或果酱时可以用来去除浮渣以及薄膜。

### 5. 糖霜

这是一种糖粉，里面加有防潮调节物。用于制作蛋糕糖衣或甜点。

### 6. 葡萄糖

葡萄及蜂蜜含有大量的天然葡萄糖。一般市售的葡萄糖有糖粉、糖浆及糖片，通常使用于果酱及甜点中。葡萄糖对运动员也很有用，因为它很容易吸收，可以快速补充能量。

### 7. 彩虹糖晶

白糖中加入植物染料以制作出有颜色的糖晶，可以和咖啡一起使用，并作为吸引人的桌上展示品，常拿来装饰蛋糕或其他烘焙食物的甜点。

### 8. 咖啡冰糖

这些颗粒相当大的淡棕色冰糖非常受咖啡爱好者的欢迎，因为它们的溶化速度很慢，可让咖啡维持一部分原本的苦味，喝时才逐渐转甜。

### 9. 淡褐色粗糖

一种粗红糖，在原产国经过初步清理后，包装出口。它们的味道及外貌皆不同，主要是用于浓郁的暗色水果蛋糕上。

### 10. 细红糖

许多厂商生产出多种红糖，各有不同色调和质地。这些红糖都是加入甘蔗糖蜜的精炼糖，在精炼过程中让糖晶表面附一层糖蜜（可溶于水），然而粗红糖的糖蜜是加在糖晶里面的。深色细红糖与淡色细红糖，这两种红糖都是拿来用在谷物、咖啡、水果或辛香料蛋糕中。市面上也有不含甘蔗糖蜜的红糖，是加有植物染料的白糖，包装上会注明。

### 11. 方糖

这是将精炼过的结晶糖弄潮湿后，再压缩成正方形或长方形的产物，可放在桌上供热饮使用。欧洲也有生产红色方糖。

### 12. 糖蜜块

糖的颜色越深，所含糖蜜就越多。这种只经粗略处理的红糖，质地湿润柔软，通常是加入浓郁的深色水果蛋糕中。

13. 黑砂糖块

黑砂糖块质地柔软潮湿，用于水果蛋糕上，其中一种是很多印度菜里的重要原料。

14. 黄金糖浆

这是净化过的残余糖蜜，经过特别处理而成金黄色，同时分解水分以减少含水量，并起到稳定微生物的作用，防止在锡罐中发酵。在英国用来做糖蜜塔。

15. 槭糖浆

经过处理的槭树汁，具有独特的风味。最有名的用法是涂在煎饼及鸡蛋饼上，但是也可以用于槭糖奶油、槭糖蛋糕、饼干、烤豆子、冰淇淋、烤火腿、糖霜、糖渍马铃薯以及烤苹果中。爱用者称它是无法取代的食品。

16. 蔗糖浆

甘蔗汁的浓缩液，有时候用来取代糖蜜。

17. 果糖浆

用水果、糖和水简单调制而成的糖浆，在中东尤其受人喜爱，果糖浆是以果肉做成，例如玫瑰果（玫瑰果糖浆）或黑醋栗（黑醋栗糖浆），以沸水烹煮装瓶并杀菌处理而成。果糖浆用于调制饮料，并作为冰淇淋和甜点的装饰。

18. 糖蜜

制糖过程中的副产品。深色或赤色糖蜜可以增进面包和蛋糕的保存鲜度，而且富含铁质。淡色糖蜜有温和的味道，可放在桌上供人使用。

19. 蜂蜜

蜂窝是所有天然蜂蜜的出处，蜂蜜及蜂蜡都可以吃。通常是用手将蜜蜡剖开以取出蜂蜜，大量生产时则用机器。

## 三、糖的使用

①糖类在烹调中使用很广，主要是增味和增色，因为糖在烹饪中对各调

味品的浓度缓解和稀释起了决定性作用。

②白糖在面团发酵中，起了催促和增香的作用，特别是在各种面包中，作用很大。

③糖在菜肴中的调色，是糖在不同温度下的糊化过程，火候的恰到好处（温度在150～160℃之间）产生菜肴的美丽颜色。

④烹调中烧、烤、煨、炖、焖、扒的这些方法中，使用糖时，要在炝锅时加糖，经过长时间烧制，口味、色泽会更好。

⑤甜味品，在不同的温度中产生不同的口感，把握好这种经验，需要长期的烹饪实践。

# 第三节　酸的发展

两三千年前，我国山西（省）运城，有位贤人叫杜康（又称杜少康），很会造酒，被誉为"酒仙"。造酒剩下的渣子——叫作酒糟，有一股怪味，杜康常叫他的儿子杜杼拿去送给别人喂牲口了。

有一年，快过年了，亲友四邻都找杜康帮助造酒。临出门前，杜康对杜杼说："我要外出一些日子，酒蒸完了，酒糟由你处理吧。"杜杼想，现在家家都在准备年货，谁要酒糟呢？于是，把自家的酒糟装进一口大缸，加些水，盖上盖子，准备用来喂马。

可是，快过年了，事情多，他一忙就把这事忘了。整整过了20天，杜杼晚上睡觉时做了一个梦：有位须白的老神仙向他要调味汁，他说："我哪有调味汁呀？"老神仙指了指泡酒糟的大缸说："这里不就是吗？到明天酉时就可以吃，已经泡了21日啦！"古时候说的酉时，就是下午五点钟至七点钟的那段时刻。

第二天，杜杼醒来觉得这个梦很怪。快近傍晚的时候，父亲杜康兴冲冲地赶回家过年。杜杼向父亲诉说了一下，杜康也觉得挺有趣。两人走向大缸，打开缸盖。呀，一股酸气冲上来，好难闻！家里人都说："快丢掉，要不得！"不过，杜杼说："反正酒能喝，这酒糟水是吃不死人的，让我试一试。"他用舌头尖尝了尝那黄水，酸溜溜的，觉得还不坏。

正月初一，全家和亲友一道吃饺子。杜杼在父亲的支持下，让每人都来一点黄水蘸饺子吃。结果大家边吃边说：嘿，这味道真不赖！酸中带甜、非常爽口、妙不可言。

黄水变成了调味品，该起个什么名字呢？杜杼受梦的启发，把"二（廿）十一日酉"这几个字组合起来，就成了一个"醋"字。我国山西地方流传的"杜康造酒儿造醋"的说法，就是讲的这件事。

俗话说：日有所思，夜有所梦。杜杼做梦并不是真的有什么老神仙指点，而是他潜心钻研酒糟水应用的下意识的反映。在古代虽然还不懂发酵方面的知识，但是实践出真知，酒糟水存放一段时间发生变化，变成了醋。这是千真万确的。

山西人善酿醋爱吃醋，素有"老醯儿"之称。古时管醋叫醯，把酿醋的人叫"醯人"，把酿醋的醯叫"老醯"。因此，吃醋不叫吃醋，而叫"吃醯"。由于山西人对酿醋技术的特殊贡献，再加上山西人嗜醋如命，又巧合了"醯"和山西的"西"字同音，所以外省人就尊称山西人为"山西老醯"了。山西人和醋有着深厚的感情，山西做醋的历史大约有4000年之久。清徐是山西老陈醋的正宗发源地，也是中华食醋的发祥地，其酿醋历史距今已有4000多年了。相传，帝尧定都尧（今清徐县尧城村）后，采摘瑞草"蓂荚"以酿苦酒。这里所说的苦酒就是人类最早的酸性调味——醋了。汉唐时期，并州晋阳一带的制醯作坊日益兴盛，从民间到官府，制醯食醯成了人们生活的一大嗜好。明清时代，山西酿醋技艺日臻精湛，并随晋人迁徙和晋商的足迹，将山西的制醯技术和食醋习俗带到了长城内外、大江南北，是谓山西名扬四海的重要媒体。

## 一、醋的作用

酸的调味品，是在烹饪中最富有变化的调味品，它随着温度的变化而变化，随着使用的前后来决定菜品的味道。中国人在热菜中，常讲的"烹醋"是指速度和温度。各种食醋在日常生活中，尤其是在饮食上有着各种不同的作用。

1. 调和菜肴滋味，增加菜肴的香味，去除不良异味

①解腥：在烹调鱼类时可加入少许醋，可去除鱼腥味。

②祛膻：在烧羊肉时加少量醋，可解除羊膻气。

③减辣：在烹调菜肴时如感太辣可加少许醋，辣味即减少。

④添香：在烹调菜肴时加少许醋能使菜肴减少油腻增加香味。

⑤引甜：在煮甜粥时加少许醋能使粥更甜。

2. 促进人体吸收营养

能减少原料中维生素C的损失，促进原料中钙、磷、铁等矿物成分的溶解，提高菜肴营养价值和人体的吸收利用率。

3. 在原料的加工中，可防止某些果蔬类"锈色"的发生

①煮藕等容易变色的蔬菜时，稍稍放些醋，就能使它洁白。

②炒茄子中加少许醋能使炒出的茄子颜色不变黑。

4. 可使肉类软化

①炒肉或炖肉时，加进6克白醋，就能使肉柔软而且快熟。

②从冰箱取出待退冰的肉，先沾上一点醋，约经一小时后烹煮，则肉质柔嫩可口。

③催熟：在炖肉和煮烧牛肉、海带、土豆时加少许醋可使之易熟易烂。

④软化鱼骨：煮鱼时添加少许醋，能将小鱼鱼骨煮得柔软可口。

5. 具有一定的抑菌、杀菌的作用

可用于食物或原料的保鲜防腐。

①防腐：在浸泡的生鱼中加少许醋可防止其腐败变质。

②鱼不腐败：鱼剖开洗净后去水气，浸于醋中，则鱼久不变味，醋亦不变浊。

### 6. 其他妙用

①去生鱼皮：将生鱼置于醋中，很快就能将鱼皮与肉身剥离。

②煎蛋皮：煎蛋皮宜用小火，蛋加点醋一起打，能使蛋煎得又薄又有弹性。

## 二、食醋与其他调味料之间的相互作用

### 1. 酸味与甜味

二者之间易发生减弱的关系。例如：在食醋中添加了甜味调料（砂糖）则酸味减弱，如果在砂糖的溶液中添加少量的食醋则甜味减弱。

### 2. 酸味和咸味

在食醋中添加少量的食盐后，会觉得酸味减弱，但是在食盐溶液中添加少量的食醋则咸味会增强。

### 3. 酸味和鲜味

如在食醋溶液中添加了高浓度的鲜汤后，则可使鲜味有所增高，所以有用食醋调味的菜肴如需要提高鲜味，应添加鲜汤，而不宜添加味精。

## 三、烹饪常用的食醋

### 1. 山西老陈醋

山西老陈醋是我国北方最著名的食醋。它是以优质高粱为主要原料，经蒸煮、糖化、酒化等工艺过程，然后再以高温快速醋化，温火焙烤醋醅和伏晒抽水陈酿而成。

这种山西老陈醋的色泽黑紫，液体清亮，酸香浓郁，食之绵柔，醇厚不涩。而且不发霉，冬不结冻，越放越香，久放不腐。

### 2. 镇江香醋

镇江香醋是以优质糯米为主要原料，采用独特的加工技术，经过酿酒、制醅、淋醋三大工艺过程。约40多道工序，前后需50～60天，才能酿造出来。

镇江香醋素以酸而不涩，香而微甜、色浓味解，而蜚声中外。这种醋具

有"色、香、味、醇、浓"五大特点，深受广大人民的欢迎，尤以江南使用该醋为最多。

### 3. 四川麸醋

四川各地多用麸皮酿醋，而以保宁所产的麸醋最为有名。这种麸酸是以麸皮、小麦大米为主要酿醋原料发酵而成，并配以砂仁、杜仲、花丁、白蔻、母丁等70多种健脾保胃的名贵中药材制曲发酵而成。

此醋的色泽黑褐，酸味浓厚。

### 4. 江浙玫瑰米醋

江浙玫瑰米醋是以优质大米为酿醋原料，酿造出独具风格的米醋。江浙玫瑰米醋的最大特点是醋的颜色呈鲜艳透明的玫瑰红色，具有浓郁的能促进食欲的特殊清香，并且醋酸的含量不高，故醋味不烈，非常适口，尤其适用于凉拌菜、小吃的佐料。

### 5. 福建红曲老醋

福建红曲老醋是选用优质糯米、红曲芝麻为原料，采用分次添加，液体发酵并经过多年（三年以上）陈酿后精制而成。

这种醋的特点是：色泽棕黑，酸而不涩、酸中带甜，具有一种令人愉快的香气。这种醋由于加入了芝麻进行调味调香，故香气独特，十分诱人。

### 6. 凤梨醋

凤梨醋是我国的一种名醋。这种醋是以我国本地所产的凤梨作为酿造原料而制成。它的特点是醋色澄清，酸而不烈，酸中带甜。

### 7. 苹果醋

苹果醋是以苹果汁为原料而制成。苹果汁先经酒精发酵，后经醋酸发酵而制成苹果醋。苹果醋除含醋酸外，还含有柠檬酸、苹果酸、琥珀酸、乳酸等。

### 8. 蒸馏白醋

蒸馏白醋是一种无色透明的食醋，是法国的一种名醋。使用这种蒸馏白醋要注意控制用量，以防酸味过重，影响菜肴的本味。蒸馏白醋是烹制本色菜肴和浅色菜肴用的酸味调料。

### 9. 葡萄醋

它是用葡萄酒以及葡萄汁、葡萄香味剂作为原料而制成。经过配制后的葡萄醋主要是用于沙拉的调料以及作沙司和辣酱油之用。

### 10. 麦芽醋

麦芽醋，顾名思义就是利用麦芽为原料而酿造出来的一种特殊食醋。它的营养价值较之其他的食醋更高，口味更加纯正清爽。

### 11. 沙拉用醋

沙拉用醋是以苹果醋为基本调料，再加上食盐、增鲜剂、多种调料等，充分搅拌混匀后而制成。为使色拉用醋的颜色清澄，最好采用提取的方法来生产这种醋。

沙拉醋主要是在制作西餐菜肴时使用。

### 12. 合成醋

合成醋是由冰醋酸、水、食盐、少量的糖混合在一起调制而成的一种简单食醋。有些合成醋还有可能添加一些氨基酸、香精等辅助用料，大多数的合成醋是无色透明的，有时也称为白醋。

制造合成醋所用的冰醋酸是无色并具有强烈刺激性的液体，用冰醋酸制成的合成醋酸味单一，不柔和，具有不宜人的刺激气味。合成醋中既没有普通酿造醋中所含的多种营养成分，也没有酿造醋的香味和滋味。

### 13. 加铁强化醋

加铁强化醋是一种强化营养型食醋。加铁强化醋与加铁酱油一样。它们的产生都是针对目前缺铁性贫血在我国的患病率较高的这一国情而采用的辅助性防治方法。它既可起到调味料的作用，同时也起到了供给铁元素的营养目的。它是一种新型的、有发展前途的营养强化型食醋。

### 14. 红糖醋

红糖醋是用红糖作为原料而酿制成的食醋。红糖醋与米醋相似，既可作为调料，又可作为饮料，而且它还含有米醋中未含的一些对人体有营养的矿物成分。这主要是红糖本身所含有的矿物质和微量元素，如铁、锰、锌、铬等。

### 四、其他酸味调料

#### 1. 柠檬汁

柠檬汁是柠檬经榨挤后所得到的汁液，它的颜色淡黄，味道极酸并略带微苦味。它的营养成分很丰富，含有糖类、维生素C、B族维生素、钙、磷、铁等成分。

柠檬汁在烹饪中常用于西式菜肴和面点的制作中，它的酸味主要来自于柠檬酸和苹果酸；柠檬汁能补充原料中维生素C在烹调过程中的损失，提高营养价值。

------------------------------ 柠檬的地位 ------------------------------

柠檬不仅颜色和形状惹人喜爱，而且是西餐桌上必不可少的珍品，被誉为"西餐之宝"。

走进高雅的饭店，就座后，衣着整洁的服务员就会在每人面前放一个透明的玻璃碗，里面半盛清水，上面飘浮一片柠檬。宾客将手伸进浸洗少许，即可洁手消毒，这是一种高雅的服务。开胃菜，无论是一盘红绿间杂的什锦生菜，还是高脚杯里的粉红虾仁，都可以看到上面插着一两片柠檬。主菜上来，猪排也好，牛排也罢，或配以饭，或配以炸土豆。都要有切成方块的半个柠檬，将柠檬汁挤在肉块上，不仅起味，而且助消化。如果点的菜是鱼虾蟹螺等海味，柠檬则是必备无疑了。像凉盘上的牡蛎，瓷罐里的蜗牛，杏红的薄鲑片等菜都是非有柠檬不可的。饮开胃酒或其他清凉饮料，人们往往喜欢配上柠檬汁或柠檬片，至于柠檬茶、柠檬甜食更是司空见惯了。用面粉、鸡蛋、奶油、黄油加柠檬汁烤出来的金黄色点心，松软香脆，味美可口。

#### 2. 番茄酱

番茄酱是烹饪中常用的一种酸味调料。它是以番茄为主要原料，将番茄洗净去皮，切成小块，然后加热使之软化，软化后经搅打成浆状，最后加砂糖浓缩。

番茄酱中的酸味来自于苹果酸、草酸、酒石酸、柠檬酸、琥珀酸等。

番茄酱在烹饪中常用于甜酸味的菜肴，如"茄汁锅巴""茄子鸡球""茄汁鸡丁"等。

### 3. 草莓酱

草莓酱在烹饪中也常作为酸味调料使用。草莓酱的制作是将草莓洗净后，进行滚压，然后加糖熬煮使其浓缩，浓缩后有时还要添加些香料、增稠剂、食用酸等，最终调制成草莓酱。

它的酸味主要来自于柠檬酸、酒石酸和丰富的抗坏血酸（维生素C），草莓酱的甜味则以葡萄糖为主，果糖次之，蔗糖最少。

### 4. 山楂酱

山楂酱是以山楂为主原料制成的果酱，色泽红润，酸中带甜，入口细腻。山楂酱中含有糖类、维生素C、胡萝卜素、铁等成分。

### 5. 木瓜酱

木瓜酱是一种酸中带甜的调味酱。木瓜营养丰富，含有葡萄糖、果糖以及多种维生素和矿物质等。成熟的木瓜呈金黄色或肉红色，果肉清香，柔嫩多汁，制成木瓜酱后，其酱的颜色金黄，质地细腻爽口，味道酸甜适中，并有一种十分清香的木瓜香味。菜品如：木瓜牛柳、木瓜三果、木瓜盅味。

### 6. 苹果酸

苹果酸是一种广泛分布于水果、蔬菜中的有机酸。苹果酸的酸味较柠檬酸强，酸味爽口味道酸甜新鲜。酸味在口腔中的持续时间较柠檬酸长。苹果酸在工业上生产常以酒石酸为原料，经碘化氢还原后而制成。

苹果酸原是食品工业中的一种重要酸味调料，现已逐步在烹饪制作糕点时应用。用其制成的糕点具有一种典型的果酸味，并且由于苹果酸的吸湿性很强，制成的糕点，表面不易因水分的挥发而干燥开裂，一般情况下，苹果酸在制作糕点时，其添加量在0.05%～0.5%的范围内。

### 7. 浆水

浆水又称酸浆、米浆水。为一种酸味的白色的液体，具乳酸清香。多用于调味，或作清汤，也可用于点豆腐。多见于西北的甘肃、宁夏、青海、陕西一带，以陇东、陇南所产为知名。多为家族制作，夏季常见，有饭馆制作并出售。

### 8. 乌梅

乌梅为蔷薇科植物，梅的未成熟的果实。性味酸，温。含有柠檬酸、苹果酸、琥珀酸、糖类等成分，具有收敛生津的功效。

可用于制作：乌梅饮、乌梅粥等。

### 9. 橘子醋

用作火锅、豆腐锅、油炸品的蘸酱，或加入锅中，可以提味。

# 第四节　辣的发展

## 一、辣味调料的品种

### （一）辣椒

在国际上，辣度分级一般采用斯高威尔方法。斯高威尔是美国的一位药物化学家，他最早提出了辣味感官品尝的方法。该方法的基本原理是把一定辣椒制备成一定量的辣椒素提取物，通过不断稀释该提取物至尝不出辣味，稀释倍数就为辣度单位。需要越多的水稀释的辣椒，代表它越辣，目前，国际标准化组织（ISO）已经确认，并制定了辣椒斯高威尔辣度单位的测定标准，并且在全球辣椒贸易中，使用该类标准衡量辣椒及其制品的质量。在国外有些地区的产品已经使用斯高维尔单位标志辣度，供消费者参考。

辣是五味（甜、酸、苦、辣、咸）中的一种，但是其实是化学物质（譬如辣椒素、姜酮、姜醇等）刺激细胞，在大脑中形成了类似于灼烧的微量刺激的感觉，不是由味蕾所感受到的味道。所以其实不管是舌头还是身体的其他器官，只要有神经能感觉到的地方就能感受到辣椒，用辣椒作为主要调料的菜肴不能食入过多，因为辣味物质辣椒素和二氢辣椒素对人体的表体组织有较强的刺激作用。食入过多容易引起口干、咳嗽、嗓子疼痛、大便干燥等不良症状，还易造成口腔和胃黏膜充血，肠蠕动剧增，从而引起腹部不适。

### 1. 干辣椒

辣椒，茄科辣椒属。从成熟程度来分青辣椒、红辣椒，新鲜的青、红辣椒可做主菜食用，红辣椒经过加工可以制成干辣椒、辣椒酱等，主要用于菜肴调料。

辣椒原产于中南美洲热带地区。15世纪末，哥伦布发现美洲之后把辣椒带回欧洲，并由此传播到世界其他地方，并于明代传入中国。清陈淏子之《花镜》有番椒的记载。今中国各地普遍栽培，尤其是湖南、四川，素有辣不怕、怕不辣之称。辣椒成为一种大众化蔬菜。

贵州绥阳盛产朝天椒，1999年被中国农学会特产经济专业委员会命名为"中国辣椒之乡"。

干辣椒，又称干海椒，是用新鲜尖头辣椒的老熟果晒干而成，主要产于云南、四川、湖南、贵州、山东、陕西、甘肃等省区，品种有朝天椒、线形椒、羊角椒等，成品色泽紫红，肥厚油亮，辣中带香。保存时应放干燥通风处，注意避免虫蛀、防止霉变，保持其风味不失。

干椒在烹调中应用广泛，不仅有去腥压异味的作用，而且还具有解腻、增香提辣的作用，不论是植物蔬菜还是动物肉类，水产鱼类均可使用。使用时应注意投放时机，准确掌握加热时间和油温，从而保证既突出其辣味又不失鲜艳色泽。

### 2. 辣椒粉

辣椒粉，又称辣椒面，是将各种干辣椒研磨成的一种粉面状调料。因辣椒品种和加工的方法不同，品质也有差异，从形状上有粗细之分，从质量上看一般应以色红，质细、籽少、香辣的为好，保存方法同干辣椒。

辣椒粉在烹调中的应用较广，不仅可以直接用于烹制各种菜肴，而且可以用于自制辣油，方法是将烧热炼熟的植物油，浇入适量的辣椒粉中，使其辣椒碱在热作用下，慢慢分解，散发出香辣味并呈现红色，主要用于调制冷菜或部分地方小吃。

### 3. 辣椒油

辣椒油与辣油有一定的区别，辣椒油是按一定的比例，将干椒或辣椒粉放入清水锅内慢火熬煮，使其辣和色泽充分释出，然后加入油，再将水分熬至挥发干净，经冷却沉淀而成。

辣椒油色泽鲜红，味道香辣且平和是广为使用的辣味调料之一，在烹调中功能同于干辣椒。

### 4. 辣椒酱

辣椒酱也是一种常用的辣味调料。其制作方法是先将红辣椒洗净，摘除蒂柄，然后用食盐将其腌渍，并压以重物使其液汁压出，这样可以避免红辣椒与空气中的氧气相接触，以防变质。这时，腌在盐水中的红辣椒其色泽逐渐变得更加鲜艳。若腌制贮藏一两年后，红辣椒不但能保持鲜红的色泽，而且更带有开胃的香气。鲜红辣椒一般腌制三个月便可磨细成糊状，这就是辣椒酱。

### 5. 泡辣椒

泡辣椒又称鱼辣子，泡辣椒所选用的辣椒必须是鲜品，色泽全红的为佳。一般不选用干辣椒和青辣椒。

泡辣椒在四川民间有一种传统做法是：把整洁干净的活鲫鱼连同鲜红辣椒、食盐、红糖、花椒、老姜和适量冷开水一同装入坛内。浸泡数天即可。现在一般做法是：每5千克鲜红辣椒放500克食盐，100克红糖，100克白糖，25克花椒，少许老姜，加冷开水，以淹过辣椒为宜，放入坛内腌制数天即可。

泡辣椒在烹调中多适用于炒、烧、蒸、拌等技法，是烹制"鱼香肉丝""鱼香肚尖""鱼香茄子"等鱼香味菜肴的重要调味品，能起到提辣补咸、提鲜增香等作用。

### 6. 渣辣椒

这是一种很特殊的由辣椒制作的辣味调料，渣辣椒一般可用来蒸制肉、鸡、鱼等菜肴，风味独特。

渣辣椒的做法是：将2.5克的鲜红辣椒洗净水分，用刀剁成细末，装入盘内。放入糯米粉100克，大米粉500克（大米粉和糯米粉制法与粉蒸肉所用米粉相似）250克细盐，花椒面10克，白糖10克，拌匀。装入坛内压紧，把坛口盖严密，倒转过来，坛口向下，放在一个装有清水的盆内，以坛口浸在水中为宜，使空气不能进入坛内，约15天，将辣椒等物取出，拌匀即可。

-------------------------------- 辣椒营养又防病 --------------------------------

辣椒中含有丰富的维生素C、β－胡萝卜素、叶酸、镁及钾；辣椒中的辣椒素还具有抗炎及抗氧化作用，有助于降低患心脏病、某些肿瘤及其他一些随年龄增长而出现的慢性病的风险；有辣椒的饭菜能增加人体的能量消耗，帮助减肥；一篇发表于《英国营养学杂志》上的文章也指出，经常进食适量辣椒可以有效延缓动脉粥样硬化的发展。

此外，以前人们会认为，经常吃辣椒可能刺激胃部，甚至引起胃溃疡。但事实刚好相反。辣椒素不但不会引起胃酸分泌的增加，反而会抑制胃酸的分泌，刺激碱性黏液的分泌，有助于预防和治疗胃溃疡。

### （二）葱

葱，原产亚洲西部及我国西北高原，在北方栽培面积较广，既作菜，又作调味品。生食有辣味。用葱作为调味料时可增香、压腥。可将葱切成葱段、葱丝、葱末或取其葱汁，也可以加工成葱油、葱泥等，运用于爆、炒、炸、烤、蒸、煮、熘、扒以及拌等多种技法烹制的菜肴，能使菜肴提味增香，诱人食欲。

### （三）姜

姜原产于印度、马来西亚和我国热带多雨地区。我国栽培和食用姜的历史悠久，《论语》中有"不撤姜食"之语，可见，春秋战国时代已普遍食用。姜的味道辛辣，是烹制荤腥类菜肴的主要调味料。姜的辣味成分主要有三种，它们分别是姜酮、姜醇和姜酚。这三种辣味物质具有增强和加速血液循环，刺激胃液分泌，促进肠道蠕动和帮助消化等作用。它们除了具有辣味的性质外，同时还具有挥发性。嫩姜的皮薄肉嫩，纤维脆弱，所含辣味成分较少，辣味较淡，常用于炒、拌、泡等技法。老姜皮厚肉粗，质地较老，水分少，辣味强烈，常用于去腥除膻。姜的用途极为广泛，它能使菜肴辛辣增香，调和滋味。烹制荤菜可使用味精和鲜姜。另外，姜的姜辛素能有效地抑制葡萄球菌、皮肤真菌等细菌的活动和繁殖。利用这一特性，可用于一些原料的保鲜，比如，将鲜肉类、禽类、鱼类或海味原料用姜汁浸渍，不但可起保鲜防腐作用，而且还能去腥除异味。食用生姜应该注意，腐烂后的生姜会产生一种毒性很强的有机化合物——黄樟素，能诱发肝细胞变性，导致癌症。姜还有一定的食疗价值，中医认为它具有活血、祛寒、除湿、发汗、增温、健胃止呕、消水肿等作用。

### （四）蒜

蒜原产于亚洲西部高原，汉代从西域传入我国，故古代称葫，现在我国南北各地均有栽培。北方以食蒜为主，兼食嫩茎叶，冬季也吃蒜黄；南方以食嫩茎叶为主，兼食蒜头，很少吃蒜黄。生食蒜时其辣味最强，一旦做成蒜泥后，它的特有风味更为突出。蒜的辣味主要来自于蒜氨酸经过分解后的产物所产生。当蒜的组织处于完整而未受到破坏时，蒜的辣味很少，而一旦蒜的组织受到破坏，其中的蒜酶就会立即将蒜氨酸进行分解，首先是形成蒜素，然后形成具有强烈辛辣味的其他化合物。这也是为什么蒜泥比蒜瓣、蒜片、蒜末更辣的原因。生蒜主要用于拌菜。生蒜含蒜辣素，可以杀菌，可帮助防病健身。生蒜虽然有健身、开胃、灭菌等对人有益的功效，但是也不可滥吃，如食过量，也会影响人的健康。医学研究证明，过量食用生蒜，会使心脏病、高血压、糖尿病等症状加重，因此，一定要注意适量。

### （五）洋葱

洋葱，别名球葱、圆葱、玉葱、葱头、荷兰葱、皮牙子等，百合科、葱属二年生草本植物。洋葱含有前列腺素A，能降低外周血管阻力，降低血黏度，可用于降低血压、提神醒脑、缓解压力、预防感冒。此外，洋葱还能清除体内氧自由基，增强新陈代谢能力，抗衰老，预防骨质疏松，是适合中老年人的保健食物。洋葱在中国分布广泛，南北各地均有栽培，是中国主栽蔬菜之一。中国的洋葱产地主要有福建、山东、甘肃、内蒙古、新疆等地。

### （六）芥末

芥末又称芥末面，为辛辣味调味品，是十字花科植物芥末的种子经碾磨成的一种粉状调料。

芥末的主要辣味成分是黑芥子苷，经酶解后所产生的挥发油（芥子油）具有强烈的刺鼻辛辣味。多用于调拌菜肴，如"芥末鸭掌""芥末菠菜""芥末金针蘑"等，多产于北京、上海、广州、河南、安徽、山西大同等地，不宜久存，且放置干燥通风处，防止潮湿结块变质。

芥末的使用一般先将其调制糊状，方法是在芥末粉中加入温开水放醋调匀，放置炉边静置半个小时，再加入植物油、白糖、味精、精盐等搅匀，急用时，也可将糊稍蒸儿分钟，再搅拌出香辣味。

### （七）七味辣粉

日本常见的辣粉，里面除了辣粉之外，另有海苔、芝麻等增加香味的调味料，一般是七种，但有时候也不只是七种，七有时候是代表多的意思。因为加了一些香料，所以七彩辣椒并不是很辣，但是却很有丰富的香味。

### （八）山椒粉

山椒粉是将山椒子磨粉制成的，风味类似四川的花椒，常用来撒在鳗鱼饭、鳗鱼柳川风等海鲜菜肴上或照烧菜肴上。

### （九）山葵酱

山葵，也就是制造芥末的原料，是一种辣味调味料，制成的芥末，有黄色和绿色两种，一般黄色的不呛，绿色比较呛。有时是涂一点在寿司里，也可以和酱油一起放在碟子里蘸用。

## 二、辣味的使用

辣椒又称番椒、辣子、海椒、辣茄等，它是烹饪中常用辣味调料中最重要的一种。湖南沅江一带所产的朝天椒辣味极强，辣味最弱的可能是菜椒（柿椒），个大肉厚几乎不辣而有甜味。

烹调中使用的辣椒，最主要是使用火的大小而决定辣的程度。辣椒适用于炒、拌、炝和做泡菜或做配料，如"辣子鸡丁""青椒炒肉丝"等。维生素C不耐热，易被破坏，在铜器中更是如此，所以避免使用铜质餐具。在切辣椒时，先将刀在冷水中蘸一下，再切就不会辣眼睛了。辣的部分主要是尖头和里面的籽，取出尖头和籽就不太辣了。辣椒茎、叶可食用，鲜嫩的辣椒茎、叶，可以像其他蔬菜一样用于腌渍咸菜，别有一番风味。

辣椒最常用的吃法是用作蘸水，介绍两种特色辣椒蘸水的做法：

第一种是用辣椒、姜、葱、蒜、酱油、醋、盐、芝麻、花椒、味精、糖适量调制而成。特点：调制而成的凉拌辣椒蘸水，入口后有一种独特的香味，口感独特，又香又辣且有后劲，令人回味无穷。

第二种则是用脆豆豉辣椒加适量姜、葱、蒜、盐、花椒、味精调制成的蘸水脆而香，除了有嚼头之外，更是回味无穷。

脆豆豉辣椒调制的火锅底料更是一绝——香辣可口不说，入口咀嚼之后，特有的豆豉香味更是绝妙的开味菜，不经意间就会令人食量大增。

烹饪中如果希望菜肴中的辣味淡化些，但又不失辣椒的原有风味，可以将辣椒洗净，用刀切开去籽，放入冷水中（尤其适宜放入30~40℃的温水中）浸泡，在浸泡的过程中辣椒素和二氢辣椒素将会有部分溶入水中。

# 第五节　香的发展

香料滋润人们的生活，使生活变得更为丰富多彩：用作药品，可以治病；用作调料，使饭菜更加可口；用作香水、润肤剂，可使人心旷神怡。

我国香料历史悠久，可追溯到5000年前的皇帝神农时代，早有采集植物作为医药用品来驱疫避秽。当时人类对植物中挥发出的香气已很重视，闻到百花盛开的芳香时，同时感受到美感和香气快感。在夏商周三代，对香粉胭脂就有记载，春秋以后，宫粉胭脂在民间妇女中也开始使用。阿房宫赋中描写宫女们消耗化妆品用量之巨，令人叹为观止。"齐民要术"记有胭脂、面粉、兰膏与磨膏的配制方法。

国外的香料使用也有数千年的历史。公元前3500年埃及皇帝晏乃斯的陵墓于1987年发掘，发现美丽的油膏缸内的膏质仍有香气，似是树脂或香膏。现在可在英国博物馆或埃及开罗博物馆看到。

埃及人在公元前1350年沐浴时，用香油或香膏，认为有益于肌肤，当时用的可能是百里香、牛至、乳香等，而以芝麻油、杏仁油、橄榄油为介质。麝香用得也很早，约在公元前500年。公元7世纪埃及文化流传到希腊、罗马后，香料成为贵重物品即贵族阶级的嗜好品，为了从世界各地寻求香料及辛香料，推动了远洋航海，促进了新大陆的发现，对人类交通史大有贡献。

圣经〈旧约〉埃及记第30章记载："请你取用香料，即苏合香、没药、枫子香、纯乳香，各种香料必须重量相同，然后按照制造香料的技术制造熏香……"文中提到的香料都是由树脂等天然物质制成的，其中有些香料至今还在使用。在同一章中还有关于制造香油的记载，所用原料是液体没药、肉桂、桂枝和橄榄油。

随着香料需求量的增加，草根树皮不便处理和运输，花类也无法四季供应。因此到中世纪时，阿拉伯人开始经营香料业，并用蒸馏法从花中提油，较著名的是玫瑰油和玫瑰水。中世纪后，亚欧有贸易往来，香料是重要物品之一。我国香料也随丝绸之路运往西方。

香味是食用原料中的基本味之一，是一种能被嗅出香气或被味道尝出香味的物质，是配制香精的原料。主要分为天然香料和合成香料；天然香料又可分为动物性天然香料和植物性天然香料。香料主要用途是用于调配香精，香精亦称为调和香料。

植物性天然香料的生产方法主要有：

蒸馏法—萃取法——浸膏，酊剂，油树脂，净油；压榨法——精油；吸收法——香脂，单离香料的生产；物理方法——分馏，冻析，重结晶；化学方法——硼酸酯法，酚钠盐法，亚硫酸氢钠加成法。

菜肴和面点的香味是评判其质量好坏的一个重要标准。在烹饪加工过程中，常常需要添加适量的调料，用以改善或增加菜点的香气，或是利用香味调料来掩盖某些菜肴中的不良气味，如腥气、膻气、臭气等。在烹饪过程中由于使用了香味调料，其结果使菜点的香气大大超过原料固有的香气，形成一种复合香味。使人产生愉快感，增加进餐者的食欲。

## 一、果实类

### （一）胡椒

胡椒，又称"木椒""浮椒""玉椒""古月"等，是胡椒科植物的干燥种子。

胡椒是中外烹调中的主要调料之一，主要产于马来西亚、印度尼西亚、泰国及我国的华南和西南地区，烹调常用于汤调味。一般加工成胡椒粉末用于冷热菜上或烹制内脏，海味类原料，具有去腥解腻提味增鲜的作用。

胡椒主要辣味成分是椒脂碱和挥发油，中医认为其味辛辣热，可止痛开胃顺气。现有三十余种，主要分为黑胡椒和白胡椒两类。

1. 黑胡椒

黑胡椒也称为"黑胡"，因果实皱缩皮黑，故名黑胡椒。

### 2. 白胡椒

白胡椒又称"白胡",是胡椒果实全部变红成熟后采收,经加工去皮干制而成,种红饱满、气味峻烈,质量最好。

### 3. 胡椒油

胡椒油是以胡椒粉、芝麻油和熟猪油为原料,经加工制作而成,广东和福建一带,用其烧菜调味。

## (二)花椒

花椒又称山椒、巴椒、川椒,是芸香科植物花椒的果实。品质以鲜红光艳、皮细均匀、气香味麻辣、种籽少、无异味为佳。适用于炒、炝、烧、烩、蒸等多种烹饪技法,还可用于制作面点、小吃的调料,对食欲有一定的促进作用。山西风陵渡大红袍,四川金阳青花椒颗粒硕大,麻味纯正、浓郁,为各类花椒之首,是涪陵榨菜、川渝火锅、川菜等全国知名菜品必不可少的调味品。

花椒盐——将花椒与食盐按1∶1的比例倒入锅内,以中火或小火将二者炒匀,当炒出香味时,取出碾细成粉末状即可。吃香酥鸡、香酥鸭、炸虾排、软炸肝、软炸蘑菇时,需蘸花椒盐。花椒的保存最好是用玻璃瓶或瓷瓶密封保存,这样可保证花椒的香味不受影响。

## (三)丁香

丁香也常称为丁子香。烹饪中常用的丁香是采集丁香的花蕾经干燥而制得。我国主要产于广东和广西二省。丁香以香味浓郁,有光泽者为上品。丁香具有一定的药物效用,可健胃、消食、去口臭、杀菌、抑菌,有帮助消化、增进食欲的功能。

## (四)八角

八角又称大茴香、大料、八角香等。在我国主要产于广东、广西等。炖、焖、烧等菜肴以及制作冷菜时都可用八角增香去异味,调剂风味。同时,八角和桂皮一样，也是配制五香粉的主要原料之一。八角具有散寒健胃，促进食欲之药用功能。

### （五）小茴香

小茴香，又叫小茴、小香等名称。它的外观如稻粒，色泽为灰色至深黄色，有较浓郁的香味，味辛性温，以颗粒均匀、饱满、色泽黑绿、气味香浓者为最佳。小茴香的香气主要来自茴香脑（50%～65%）、葑酮、茴香醛、蒎烯等香味物质。常用于卤菜的制作中，往往与花椒配合使用，能起到增香味除异味的功能。

小茴香具有温肝肾、暖胃、散寒等功用。用于食疗可医治肠鸣腹胀、肠绞痛、痛经等症。

### （六）孜然（安息茴香）

由于孜然是制作咖喱粉的重要原料，印度是世界第一孜然大国，它的西部地区普遍种植大粒子孜然，品种也与别的国家有所不同。

孜然为重要调味品，气味芳香而浓烈，适宜肉类烹调，理气开胃，并可驱风止痛。

### （七）肉豆蔻

肉豆蔻又名为肉果。为植物肉豆蔻的果实，经干燥后加工所得。以果实饱满、个大坚实、香味强烈者为上品，它主要产于印度尼西亚、西印度群岛地区，国内广东等省也有种植。

肉豆蔻的香味来源较为复杂，主要有蒎烯、莰烯、二戊烯、芳樟醇、肉豆蔻醚等香味物质。这些不同的香味成分综合组成了肉豆蔻的香味。可用于卤、烧、蒸等烹饪技法。使用时常与其他香味调料配合使用，如花椒、丁香、陈皮等。

肉豆蔻具有暖胃祛痰、消食除积、助消化等药用功能，贮存时应密封并注意防潮避湿。

### （八）草果

草果是烹饪常用的一种香味调料，我国的云南、贵州、广西以及东南亚地区均有出产。以果大饱满，色泽红润，香味浓郁，无异味者上品。草果的味辣而稍有甜味。

草果的香味主要来自挥发油中的芳樟醇等香味成分，它除了具体有增香作用以外，还有一定的脱臭作用。

### （九）桂皮

桂皮即桂树的树皮。有时也用肉桂、五桂皮等名称，主要产地在广东、广西、浙江、安徽、湖北等。以广西所产的桂皮质量为最好。桂皮以皮层厚、油性大、香气浓、无虫蛀，无霉斑者为上品，它的味辛甘，性温热。

桂皮的香料味主要来于桂皮醛（占 65% ~ 75%），其他如丁香酚、蒎烯等成分也具有一定的香味，烹饪中常将桂皮用于卤菜、烧菜等菜肴中。

桂皮除了调香作用以外，还有一定的药用价值，它能温中补阳，除积冷、行血脉、还可增加胃液分泌，有助于食物的消化吸收。桂皮的贮存应以密封保存为好，并放于干燥阴凉处。

### （十）荜茇

荜茇为胡椒科植物荜茇的未成熟的果穗。性味辛、热。含有胡椒碱、棕榈酸、四氢胡椒酸、芝麻素等成分。

### （十一）菟丝子

菟丝子为旋花科植物菟丝子的种子。性味辛、甘、平。含有树脂苷、糖类等成分。具有补肝肾，益精髓，明目的功效。适用于腰膝酸痛、遗精、消渴、尿有余沥、目暗等症。

### （十二）槟榔

槟榔为棕榈科植物槟榔的种子。性味苦、辛、温。含有生物碱、脂肪、槟榔红色素等成分。

### （十三）砂仁

砂仁为姜科草本植物阳春砂和缩砂的熟种仁。性味辛、温。含有挥发油，油中主要为龙脑、乙酸、龙脑酯、右旋樟脑、芳樟醇、橙花三烯等成分。

可用于炖制各种肉类菜肴。

### （十四）白豆蔻

白豆蔻为姜科草本植物白豆蔻的成熟果实。性味辛、温。含有挥发油等成分。具有化湿行气，温中止呕的功效。

可用于炖制各种肉类菜肴。

### （十五）草豆蔻

草豆蔻为姜科草本植物草豆蔻的成熟种子。性味辛、温。含有挥发油等成分。具有燥湿健脾，温胃止呕的功效。

可用于炖类菜肴。

### （十六）五味子

五味子为木蓝科木质藤本植物北五味子和南五味子的成熟果实。性味酸、甘、温。含有五味子素、苹果酸、柠檬酸、酒石酸、维生素C、挥发油、脂肪油等成分。具有益气生津，补肾养心，收敛固涩的功效。

### （十七）松子

果品类烹饪原料。为松料植物红松或油松、马尾松、云南松等松树果实的种仁。古称松实、松元、新罗松子、松子仁。

松子可用作菜肴配料，既可配猪肉、猪肚和鸡、鸭、鱼等荤料，也可配香菇、豆腐等素料。

### （十八）榛子仁

榛子仁为桦木科植物榛的种仁，性味甘平、含有蛋白质16.2%～18%、脂肪50.6%～77%、碳水化合物16.5%、灰分3.5%，具有调中、开胃、明目的功效。

### （十九）花生

花生为豆科植物花生的种子，性味甘平，含有蛋白质、维生素、泛酸、磷、铁。种子皮含有脂质，具有养血补脾胃，润肺化痰，止血增乳，润肠通便的功效。

### （二十）向日葵籽

向日葵为葡料植物向日葵的种子，性味淡、平。含有大量脂肪油。具有滋阳，止痢、透疹的功效。

### （二十一）核桃

果品类烹饪原料。为胡桃属落叶乔木胡桃的果实。又称胡桃、羌桃、合桃、长寿果，果皮中的核仁供食。果实圆球形或长圆形，外果皮肉质，表面灰绿色，成熟后棕褐色；内果皮木质坚硬，布有凹凸不平的皱痕，核仁被木质隔层分为相连两瓣。

核桃原产于伊朗，公元前10世纪传到亚洲西部和印度等地及地中海沿海各国，15世纪传入美国，产量居世界首位。西汉时核桃传入中国。主产区分布在陕西、山西、云南、河北、河南、甘肃、新疆、辽宁和山东等地。

烹饪中核仁应用较广泛，用前宜先经开水浸泡去皮，然后或油炸或烘烤，使其油润香脆，香味释出后用于菜品。也是制作糕点的常用原料之一。制作的菜点风味独特，北京有核桃酪，陕西有磨桃仁汆双脆，江苏有挂霜桃仁，福建有糖酥桃仁等。此外，还有桃仁鸡丁、奶油鲜桃仁、桃仁鸽蛋、雪花核桃泥、嵌桃麻糕等。

### （二十二）花生酱

花生酱是以优质的花生米等加工而成的。成品呈硬韧的泥状，有浓厚的炒花生香味。常用于凉拌菜，炸菜肴的佐食。

### （二十三）芝麻酱

芝麻酱是采用优质白芝麻或黑芝麻等加工而成的。成品呈硬韧的泥状，有浓厚的炒芝麻香味。用途同花生酱大致相同。在烹调中应用很广泛，使菜肴达到增香、提鲜的目的。

### （二十四）莳萝籽

主要突出辛辣、清香的一种调味品。用于食品腌渍，叶经磨细后，加进汤、凉拌菜和一些水产品的菜肴中，有提高食物风味、增进食欲的作用。莳萝籽是腌制黄瓜时不可缺少的调味料，也是配制咖喱粉的主料之一。全株味辛温、无毒，具有补肾，健脾开胃，壮筋骨的作用。

### （二十五）香芹菜

主要突出增香的一种特殊调味品。因此是调料又是主料，又名洋香菜、欧芹，全国各地均有种植，根叶均有香气。在配制菜品中，用此来调味起着增香、加味、增加色彩的作用。

### （二十六）辣根

辣根亦称"马萝卜""西洋山嵛菜""山葵"。为十字秆植物辣根的块茎，是制造辣酱油、咖喱粉和鲜酱油的原料之一，也是制作食品罐头不可缺少的一种辛香料。鲜辣根的水份含量很大，切片磨糊后可直接作调味料，常作为鱼肉类食物的调味品。在使用中也可加醋、酒或柠檬汁混合调味以增加食品风味。可与奶油、奶酪或蛋黄制成浓调味汁或制成辣根酱。其嫩苗可作凉拌菜配料。

## 二、根茎类

### （一）莨姜

莨姜也称高良姜，为姜料山姜属。莨姜外观呈圆柱形，体质坚实，外部呈铁锈色，有白色环节，内部呈现棕黄色。莨姜以肥大、结实、油润、色泽红棕，无沙泥者为佳。

莨姜的香味主要来自樟脑醇、丁香酚、桉油素等香味成分，约有20多种香味成分共同形成了莨姜的特有气味，在烹饪中常与其他香味调料配合使用，如八角、胡椒等。

莨姜具有暖胃、散寒、止痛的作用，还有一定的消食、解酒、刺激食欲等功用。

### （二）白芷

白芷又叫大活。它主要产于东北地区，以野生的为好。我国的豫、浙、川、皖等地也有种植。它味辛、性温，有浓郁的香味。

白芷的香味主要来自白芷醚、白芷素等香味成分。

### （三）木香

木香为菊科草本植物，它是云木香和川木香的根茎。性味辛、苦、温。含有挥发油、生物碱、菊糖等成分。具有行气止痛的功效。

### （四）沙姜

产地：我国广西、云南、广东。食疗作用：沙姜味辛、性温，入胃经；

有温中散寒，开胃消食，理气止痛的功效；适宜胃寒，心腹冷痛，肠鸣腹泻者，纳谷不香，不思饮食，或停食不化之人食用。《本草纲目》："暖中，辟瘴疠恶气，治心腹冷痛，寒湿霍乱。"《本草汇言》："治停食不化，一切寒中诸证。"沙姜与名肴"白切鸡"伴食，香而不腻，饶有风味。

### （五）姜黄

姜黄又名色姜黄、广姜黄，为植物姜黄的根茎。主产于四川、福建。姜黄是制造咖喱粉的原料之一，有祛湿清热解毒的功效。

### （六）咖喱粉

咖喱其实不是一种香料的名称，在咖喱的发源地印度并没有咖喱粉或咖喱块的说法。咖喱对印度人来说，就是"把许多香料混合在一起煮"的意思，有可能是由数种甚至数十种香料所组成。组成咖喱的香料包括有红辣椒、姜、丁香、肉桂、茴香、小茴香、肉豆蔻、芫荽子、芥末、鼠尾草、黑胡椒以及咖喱的主色——姜黄粉等。由这些香料所混合而成的统称为咖喱粉，也因此，每个家庭依其口味和喜好所调出来的咖喱都不一样。使用咖喱粉或综合香料时，在略微爆炒过洋葱、姜、蒜后，便可以将咖喱粉或综合香料一起倒入锅里炒香，然后再放肉类、蔬菜，加水熬炖入味。

## 三、叶皮类

### （一）艾叶

艾叶为菊科草本植物艾的叶。性味苦、辛温。含有挥发油，鞣质、氯化钾、维生素等成分。具有温经止血，散寒止痛的功效。

### （二）紫苏

紫苏植物的叶片、梗干，我国的广东、广西、湖北、河北、江苏、浙江等省均产。烹饪中常用的是紫苏的叶片，经干燥后便可长期保存使用。

紫苏的香气主要来自左旋紫苏醛（占56%左右）等香味物质，烹饪中将紫苏用于制卤菜调香之用。

### （三）薄荷

薄荷属唇形外科植物。它的茎、叶均有一种特殊的清凉气味。我国不少地方均有生长。烹饪中主要是用薄荷的叶片为多，一般均是以新鲜的薄荷叶为好。

薄荷的清凉香味主要来自于薄荷脑（约占50%以上）、乙酸薄荷酯、薄荷酮等香味成分。它在烹饪中使用的季节性很强，主要运用于夏季制作冷食、点心、清凉饮料等，很少用于菜肴。

### （四）橘皮

橘皮是新鲜柑橘皮剥下后的果皮，它与陈皮不同。橘皮有一种清香的柑橘气味，而橘皮陈制后成为陈皮，这种清香味味便消失。橘皮的香味主要来自柠檬醛、香茅醛、芳樟醛等香味成分。此外，橘皮与糖同时泡水饮用，能起到埋气消胀、去津润喉、清热止咳的作用。

### （五）香菜

香菜，又名胡荽、芫荽，具有一种独特的香味，其叶子含有丰富的胡萝卜素和维生素C。它在世界各地的菜肴中都占有一席的地位。在中国香菜和葱、姜一样用于调味料，在煎炒烹炸、热汤、凉菜中都用到香菜，从名菜到家常便饭，香菜都大显身手。在东南亚各地具有民族风味的菜肴中，它也是不可少的佐料。在欧洲主要是用香菜的种子作调味料。

香菜原产于地中海沿岸，古埃及人曾把它当作药物用，后来传到欧洲和中国。中国是在公元前139年张骞出使西域时把香菜带回来的。

### （六）月桂叶

月桂叶又称香叶，它是桂树的叶子，是烹饪中的一种调香料。其气味清香诱人，具有桂皮和芳樟的混合香味，味凉苦。月桂叶在烹饪中以脱臭为主，增香为次。月桂叶在焖、烩、烤等肉类菜肴中常用来脱除腥臭味，增加香味。

### （七）香椿粉

香椿是香椿树的嫩芽，香椿粉则是用香椿经过干燥，研磨后制得的一种独特的烹饪调香料，香椿树在我国南北各地均有种植。

香椿粉在烹饪中很适合于制作风味特殊的菜肴，如制作肉圆、菜肉馅及海鲜类菜肴，或用于拌豆腐、蒸鸡蛋及某些汤类等菜肴中，均可使菜肴风味别具一格，香味诱人。

### （八）藿香

藿香为唇形科草本植物于藿香和藿香的茎叶。含有挥发油等成分。具有化湿和中，解表、祛暑的功效。适用于暑热感冒，胸闷食少，恶心呕吐，腹胀腹泻等症。

### （九）佩兰

佩兰为菊科草本植物兰草的茎叶。性味甘，辛。含有挥发油等。具有化湿和中，解表祛暑的功效。适用于伤暑头重，胸脘胀闷，食欲不振，口中甜腻，口臭等症。

### （十）罗勒

罗勒产于亚洲和非洲的热带地区，我国南部地区也有栽培。芳香草本植物，茎高形多分枝，颜色紫红，罗勒茎叶均含挥发油，可用于调味。常用于番茄菜肴及汤类。

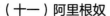

### （十一）阿里根奴

主要突出刺鼻芳香的调味品。原产于地中海地区，意大利、墨西哥、美国也有种植。其花有一种刺鼻的芳香，与牛膝草相似，常用于烟草业，在烹调中使用以意大利最普遍。

### （十二）番红花

主要突出独特香味的调味品，又称藏红花，花期为11月上旬或中旬。其花蕊干燥后，即番红花，是名贵的调味品，亦是名贵药材，产于地中海地区等，我国西藏出产的藏红花名气很大。

### （十三）鼠尾草

鼠尾草又称艾草，香味浓郁，嫩茎可用于调味。世界各地均有生长。以南斯拉夫为佳，属多年灌木，生长慢，其叶白绿相间。常用于鸡鸭肉类菜肴。

### （十四）甘牛至

主要突出清爽、温和幽香的一种调味品。甘牛至又名花薄荷、马月兰花，其味温和，有悦人的辛辣气并带樟脑味，我国广东、广西等地有种植。甘牛至用于烹调肉类、禽类，增加独特风味，但在用量上需慎重。

### （十五）迷迭香

主要突出清香气味的一种调味品。迷迭香产于欧洲，亚洲也有种植，为常年绿叶灌木或多年生草本植物，具有清香凉爽气味和樟脑气，略带甘和苦味，常用于鸡、鸭的调味。

## 四、花朵类

走进大自然，每个人的感受都是"鸟语花香"，鸟语给人耳朵的享受，花香则给人鼻子的享受。花香扑鼻，沁人心肺。用鲜花烹制食物成了新的时尚。

### （一）玫瑰花

玫瑰、蔷薇、月季，三个截然不同的品种，中国古代的记述和西方科学的分类都不曾混称，但现代人却反而分不清楚了。玫瑰用于食品中一般的用于饮料和糕点，比如近几年兴起的"玫瑰肉骨茶""玫瑰豉油鸡"风靡中国。

### （二）茉莉花

茉莉有大花茉莉和小花茉莉两种，我国南方各省广泛种植的是小花茉莉，大花茉莉主产于地中海沿岸地区，近年来我国广东、福建等省也有少量种植，习称素馨花。有趣的是大花茉莉花朵小，而小花茉莉花朵大，香气也不一样，小花茉莉香气清灵，而大花茉莉鲜浊。日本的科研人员通过实验发现打字员工作时嗅闻茉莉香气能提高打字速度，且差错大为减少。有分析称，证实茉莉花香对人确有引起兴奋作用的效果而又无像饮用咖啡、茶等易于上瘾之弊。用于饮料、露酒、糖果、饼干、甜食和泡泡糖的加香。

### （三）桂花

桂花是我国广为栽培的名贵花木，又以"山水甲天下"的广西桂林为最，广西壮族自治区也简称"桂"。桂花的品种有金桂、银桂、丹桂和四季桂四类。金桂花色橙黄，香气最浓；金桂花色黄白，香气清淡；丹桂最美，花色橙红色，香气较炒；四季桂香气也较淡。因此，香料工业中主要使用两个品种：金桂和银桂。这两种桂花制得的桂花浸膏香气也不一样，金桂浸膏香气较甜，银桂浸膏香气较清，各有特色。

### （四）梅花

梅是经济作物，除了食用和药用以外，果浸膏可作饮料、食品调味之用。梅的品种甚多，常见的有白梅、红梅、绿萼梅、骨里红梅等，观赏品种则有300多种，琳琅满目，有的花香扑鼻，有的却淡雅弱香、暗香迟发。有人曾用梅花做羹做汤，味道独居。

### （五）菊花

杭白菊是菊花的名贵品种，也是著名的明目清肝中药材。杭白菊浸膏只是少量用于调配香精，而大量用于配制夏季清热解毒的饮料，如"菊花茶""菊花蛇舌草水""菊花芦荟饮"等。古代宫廷秘方中的"御膳名酿"——菊花白酒（保健酒）具有清凉可口，解热消暑，润肺等保健功效。每年11月上旬，杭州附近大面积种植菊花的地方鲜花盛开，晴天下午可以采摘花朵，分级晾干，蒸制，再晒干，提取杭白菊浸膏。

## 五、黄酒类

黄酒，又称料酒、老酒、绍酒，是用糯米和黍米为原料，加麦曲和酒药，经发酵直接取得的一种低浓度原汁酒，是我国的特产，已有数千年的历史。黄酒在烹调中应用普遍，有去腥解腻和味增香作用，这是因为黄酒中的酒精能溶解三甲氨基戊醛等成分并在加热中使之挥发，同时其本身在烹调中能与盐、糖等结合生成氨基酸钠盐和芳香醛，使肉鱼的滋味更加鲜美。

### （一）绍兴加饭酒

绍兴加饭酒，是我国黄酒中历史悠久的名酒，1910年获得南洋劝业会金质奖章，1915年在巴拿马万国博览会上获金质奖章，在全国第一届、第二届、第三届评酒会上，蝉联全国名酒。此酒产于浙江绍兴，酒精度为17～20度，因配料中增加了用饭量，后称为加饭酒。酒液是深黄色，口味微甜，饮用时微加温热，更感浓郁醇厚。

### （二）龙岩沉缸酒

已有160多年的历史，两次被评为全国名酒，产于福建龙岩县。酒精度为14.5~20度，选上等糯米为原料，在酿造过程中，酒必须沉浮两次，最后沉于缸底，故得此名，若酒醅不沉，或浮沉不到三次，说明质量欠佳，则不能称为沉缸酒。它呈鲜艳透明的红褐色，其糖、酒、酸的味感配合恰到好处。当酒液沾舌时，各味同时呈现，味香隽永，经常适量饮用，有滋补强身之功效。

### （三）米甜酒

以糯米酿制而成，味甜醇，用作菜肴调味酒，也可代替饴糖，作叉烧菜肴的上色剂。有的地方用以制作醉蟹。

### （四）姜汁酒

以生姜500克切成泥，装入纱布口袋扎紧，盛在碗中，倒入米酒500克浸泡，用时捞起挤出姜汁，即可使用。多用于肉类、鱼类等菜的调味，如煎封鲳鱼、炖羊头蹄等，广东菜常用。

### （五）北方黄酒

以黍米为原料，以麦曲为糖发酵剂，主要产品有即墨老酒、兰陵美酒和大连黄酒。

### （六）香糟

黄酒发酵时，经蒸馏或压榨后余的残渣，再予加工而成。香糟分白糟和红糟两类，白糟即普通香糟；红糟是福建特产，在酿酒时就加入了5%的红曲形成的，香糟的主要香味是酯、醛等物质，香味浓厚，而且含有10%左右的酒精，在烹调中，除了去腥增香外，红糟还有增色美化菜肴的作用。

### （七）醪糟

醪糟又称酒酿，是用糯米酿制而成的，又称为混合酒或浊酒，含有低度酒精，品质以色白汁浓、无酸、苦异味，无杂质为佳。

醪糟营养丰富，可直接食用，也是烹调中的调味佳品，常用于烧菜或风味小吃，并有增进食欲、温寒、补虚等功能。

## 六、啤酒类

啤酒于4000年前产于埃及，10世纪初传入我国。1915年我国有了自己的啤酒厂，近年国产啤酒工业得到迅猛发展，现在我国生产的啤酒种类很多。

### （一）按出厂前是否杀菌分

#### 1. 熟啤酒

装瓶后，经过杀菌而成，由于酒龄较长，稳定性好，一般保存期在60天以上，但经杀菌后色泽会加深口味也会产生变化。

#### 2. 鲜啤酒

出厂前经杀菌，口味新鲜，但酒龄较短，稳定性较差，一般只能保存几天，夏天要在低温下保存，一般随产随销。

### （二）根据麦芽汁的浓度分

#### 1. 低浓度啤酒

原麦类糖浓度7～8度，酒精含量2%。

#### 2. 中浓度啤酒

原麦类糖浓度11～12度，酒精含量3%～3.8%。

#### 3. 高浓度啤酒

原麦类糖浓度14～20度，酒精含量9%～5.6%。

### （三）根据啤酒的颜色分

#### 1. 淡色啤酒

又称为黄色啤酒。

## 2. 浓色啤酒

包括黑啤酒和红啤酒等。

## 七、白酒类

白酒是由高粱、玉米、大米、小米、薯类等为原料，采用固体发酵，在配料中加入一定的辅料酿制而成。白酒中的主要成分是酒精和水，白酒的酒精成分含量越高，酒度就越高，除酒精和水外，还含有杂醇油、醛类、酯类、羧酸等，根据生产工艺的不同又分为不同的香型和品种。

### （一）茅台酒

茅台酒属酱香型，是我国驰名中外的名酒，已有近300年的历史。在1915年巴拿马举行的万国博览会上，被评为世界第二名酒。在全国三次评酒会上蝉联全国名酒之誉。

茅台酒产于贵州省仁怀县茅台镇，酒精度为55％，酿造原料是优质小麦和红高粱。用水取自高山深谷的深井水，故酒液纯净透明，酱香突出，酒味醇厚，幽雅细腻，饮后空杯留香，风味无穷。用于做菜更是一绝，比如茅台鸡。

### （二）汾酒

汾酒属于清香型，是我国古老的名酒之一。公元550年时，汾酒就以名酒为世人珍爱。1915年在巴拿马举行的万国博览会上曾荣获金质奖章，因而蜚声世界。在全国三次评比会上都被评为全国名酒。汾酒产于山西汾阳县杏花村，酒精度为60度，以当地高粱为原料取村中清澈纯净井水酿制而成。其酒液晶莹透明，清香味美，酒味甜醇，酒质纯净，酒强健而无刺激性。适量饮用能促进血液循环，消除疲劳，使人心旷神怡。

### （三）五粮液

五粮液原名"杂粮酒"，属浓香型。据文献记载，出产该酒已有1200多年的历史，曾在万国博览会获奖，1963年被评为全国名酒，后又蝉联全国名酒之桂冠。

五粮液产于四川省宜宾市，品质优良，风味悦人。

### （四）古井贡酒

古井贡酒属浓香型，历史悠久，清明两代均被列为进献皇帝的贡酒，故称贡酒，两次评为全国名酒。古井酒厂的古井系南北朝时（公元532年），南梁与北魏交战遗迹，迄今有1400余年，因水质清澈透明，饮之微甜爽口，有"天下古井"之称。古井贡酒以本地高粱为原料，用大米、小麦、豌豆制曲，加上古井佳水酿制而成，酒液清澈透明如水晶，香纯如幽兰，倒入杯中黏稠挂杯，入口酒味醇和，浓郁甘甜，余香悠长，适量饮用有健胃、祛劳、活血、焕神之功效。

### （五）洋河大曲

洋河大曲属浓香型，已有300多年历史，1915年在全国名酒展览会上获一等奖，同年参加巴拿马国际博览会，荣获金质奖章，1923年在南洋国际名酒比赛会上，又获"国际名酒"之称，1979年被评为全国名酒，蜚声于世界。产于江苏省泗阳县洋河镇，酒精度为61度、62度、55度三种，出口规格为55度。以精选的江苏优质高粱为原料，以小麦、大麦、豌豆为糖化发酵剂，采用当地著名的"美人泉"之清澈泉水酿成。酒液清澈、酒质醇厚、余味爽净，风味独特。

### （六）董酒

董酒是采用大小两种酒曲酿造，工艺操作过程不同于众，故自成一格，既有大曲酒的浓郁芳香，又有小曲酒的醇和香甜，在白酒中独树一帜，两次被评为全国名酒。董酒产于贵州省遵义市，酒精度为60度和58度，因厂址坐落于北郊，由泉水慢流的"董公封"而得名，以糯米、高粱为原料精制而成，酒液晶莹透亮，香气独特。

### （七）泸州老窖特曲

泸州老窖特曲属浓香型。已有400多年的生产历史，18世纪已闻名，在巴拿马国际博览会上荣获金质奖章。1953、1963、1979年三次蝉联全国名酒称号，在国内外享有很高的声誉。产于四川省泸州市，酒精度为50～60度，主要原料是精选当地糯高粱，酿造用水是龙泉井水和沱江水。至今仍沿用300多年前的老窖发酵，具有浓香、醇香、味甜、回味长四大特色。

## 八、乳脂类

### （一）全脂乳

全脂乳的油脂完全没有去除，所以会有一层乳油层。可用于饮料、布丁及烘焙中。

### （二）奶粉

一种很实用的鲜乳代用品，奶粉是以加温杀菌的牛乳热流烘干后的微粒，使用前必须加水冲泡还原，但也可以用于烘焙。

### （三）奶油

奶油是鲜乳中的油脂，将鲜乳静置后就会浮于表层。奶油可用在许多菜肴中，也是很多酱汁的主要调味料，它的种类很多，用于咖啡中或甜点。

### （四）凝结乳

从温度几近沸点的牛乳中刮取奶油，并以低温加热后冰凉，凝结乳是英国西南部的特产。

### （五）发泡奶油

这种奶油的含脂量居于低脂及高脂之间，用来打成泡状。

### （六）牛酪油

一种不含杂质的牛油，使用于印度，将普通牛油加热后去除杂质而成。它的燃点比大部分的油类高，所以很适于炸或煎。可作为龙虾的酱汁，也可以调成黑奶油酱。

### （七）优酪

在凝结的牛乳中加乳酸菌所制成的产品，可单独食用，但通常加水果或蜂蜜以增加额外风味。优酪可加在开胃菜中，也可以当作沙拉酱使用，尤其是黄瓜沙拉。

### （八）炼制油

烹煮时从肉分解出来的脂肪，过滤或净化后可用来烹调。

### （九）猪油

融化并去除杂质的精炼猪油，可用来油炸、烤肉或做面皮。

### （十）人造奶油

以动物或植物油脂或两者混合制成的奶油替代品，市售有块状或盒装。

### （十一）板油

牛或羊肾脏附近的肥油，市售新鲜硬脂需再绞碎，或购买已切成细条的油脂使用。

# 第六节　苦的发展

在自然界中，苦味物质要比甜味物质的种类多得多，如分布于植物体内的生物碱、苷类、内酯和肽类等化合物，有不少就是属于苦味的；动物体内的胆汁也是具有很强苦味的。

苦味原料有：茶叶、啤酒、咖啡、苦瓜、苦菜、菊花、杏仁、陈皮、可可、莲子、白果、苦竹笋、香椿等。这些苦味原料入馔后，不仅赋予菜肴独特的风味，还有去暑解热、消除异味的作用。

## 一、陈皮

陈皮是柑橘等水果的果皮经干燥处理后所得到的干性果皮。因干燥后可放置陈久，故称为"陈皮"。

陈皮的味苦，有芳香。它的苦味物质是以柠檬苷和苦味素为代表的"类柠檬苦素"。这种类柠檬苦素味平和，易溶解于水。它有助于食物的消化。因此，陈皮用于烹制菜肴时，既可调味，又可去除异味。

陈皮常用于烹制某些特殊风味的菜肴，如"陈皮牛肉""陈皮鸭块""陈皮鸡丁"等。陈皮中的苦味与其他味相互调和形成别具一格的美味。

陈皮除了可作为烹调剂用之外，还有药用价值。其性味苦、辛、温。含有挥发油、橙皮苷、维生素等成分。具有通气健脾，燥湿化痰，降逆止呕的功效。适用于脘腹胀满，嗳气，呕吐，咳嗽，多痰等症。

## 二、苦瓜

瓜类蔬菜烹饪原料。为葫芦科苦瓜属一年生攀缘性草本植物，以幼嫩的果实供食用。因其味苦而得名。苦瓜可做许多菜肴如：广州的金钱苦瓜、苦瓜牛肉、虾胶酿苦瓜、苦瓜焖黄鱼；四川的干煸苦瓜，斑指苦瓜；湖南的苦瓜酿肉、干菜苦瓜炒肉丝、煎苦瓜；陕西的辣子炒苦瓜、苦瓜炒肉片；香港的凉瓜三鲜煲。广州在夏季用苦瓜作为煮凉茶的原料之一。湖南宁乡县还选用苦瓜制成竹叶、菊、梅、杜鹃花等花样的蜜饯食品苦瓜花。

### 三、苦杏仁

苦杏仁是杏仁的一种，它是山杏的种子。

苦杏仁的苦味主要是由苦杏仁苷所提供的，苦杏仁作为一种苦味调料。烹饪中主要就是利用这种苦仁苷的苦味。在用于烹饪时，常常需将苦杏仁放入水中浸泡，以除去部分苦杏仁的苦味。然后配以芹菜、胡萝卜、黄豆等蔬菜炒食或拌食。

利用苦杏仁作为苦味调料时需注意：苦杏仁不能一次食用过多。如果食入苦杏仁过多，就可使人体组织降低或失去运输氧气的功能，甚至能够抑制呼吸中枢神经，严重者会危及生命。因此，烹饪中利用苦杏仁时，一定要先在水中浸泡，使其中的苦杏仁苷大部分溶于水中，这样即可减少苦味，又可保障安全。菜品如：五彩杏仁，杏仁鸡丁、杏仁三丁。

### 四、茶叶

茶叶是一种重要的烹饪原料。应用茶叶作为特殊风味的原料而制成的菜肴数种，有些已成为我国的名肴。从最初的"五香茶叶蛋""茶叶焖牛肉"逐步发展到"龙井鱼片""碧螺春饺""新茶煎牛排""鸡丝碧螺春"等。这些佳肴都是利用了茶叶所特有的苦味而制成，别具风味。

常见的茶叶品种有：

#### （一）西湖龙井

龙井茶是汉族传统名茶，著名绿茶之一。产于浙江杭州西湖龙井村一带，已有1200余年历史。龙井茶色泽翠绿，香气浓郁，甘醇爽口，形如雀舌，即有"色绿、香郁、味甘、形美"四绝的特点。龙井茶得名于龙井。龙井位于西湖之西翁家山的西北麓的龙井茶村。龙井茶因其产地不同，分为西湖龙井、大佛龙井、钱塘龙井、越州龙井四种，除了西湖产区168平方公里的茶叶叫作西湖龙井外，其他产地产的俗称为浙江龙井茶。

西湖龙井位列中国十大名茶之首，清乾隆游览杭州西湖时，盛赞龙井茶，并把狮峰山下胡公庙前的十八棵茶树封为"御茶"，得名于龙井。龙井位于西湖之西翁家山的西北麓，也就是现在的龙井村。龙井原名龙泓，是一个圆形的泉池，大旱不涸，古人以为此泉与海相通，其中有龙，因称龙井，传说晋代葛洪曾在此炼丹。离龙井500米左右的落晖坞有龙井寺，俗称老龙井，创建于五代后汉乾佑二年（949年）。

### （二）碧螺春

洞庭山区早在宋代已是著名的茶叶产地。茶叶完整色泽碧绿。搓团是碧螺春外形形成的重要工序，这一工序可使茶叶的茸毛显露和条索卷曲。

### （三）六安瓜片

片形烘青绿茶。安徽与苏、鄂等地通称六安瓜片。经板片、炒片和烘焙等工序制成。产于安徽省六安、金寨和霍山县。因历史上三县均属六安府，故称六安瓜片。其中以金寨齐云山蝙蝠洞一带所产的齐云瓜片品质最好。

### （四）信阳毛尖

主要产于河南省信阳地区的东云山、集云山、天云山、震雷山、云雾山、黑龙潭、白龙潭等地。有一种熟板栗香味，饮其回甘生津，具备冲泡4~5次茶味不减的特点。

### （五）黄山毛峰

要产于安徽省黄山风景区及周围地区。这里山高谷深，云雾缭绕，雨量充沛，气候温和，土壤肥沃深厚，适宜茶树生长，因而所产茶叶不仅叶片肥厚，滋味醇甜，且香气馥郁，耐冲耐泡，为茶中之极品。因采制标准不同，又分特级毛峰和普通毛峰。

### （六）庐山云雾茶

主要产于江西省庐山一带的汉阳峰、青莲寺、鄱口、花经等地，始创于明代。条索秀丽，色泽翠绿，芽叶肥嫩，显露白毫，饮时汤色清澈碧亮，香气如兰，鲜浓持久，滋味醇爽，叶底耐冲耐泡。

### （七）太平猴魁

主要产于安徽省太平县的猴坑、凤凰尖、狮彤山、鸡公山鸡公尖等高山上。如含苞的兰花，冲泡时，徐徐展开，滋味甘醇，香气鲜爽，汤色清澈，叶底黄嫩，冲泡3~4次香味不减。1915年参加巴拿马万国博览会获一等金质奖章。

### （八）蒙顶甘露

主要产生于四川省雅安蒙顶山。创制年代久远，1958年恢复生产。条索紧卷，叶嫩芽状，色泽嫩绿白润，密披茸毫，饮时叶底汤色黄绿明亮，香味芬芳馥郁，醇爽甘厚，回味甘甜。

蒙顶山茶历史久远。相传西汉末年有位甘露普慧禅在此种了7株茶树，直至清雍正年间尚在，产量不多。自唐代成为贡茶后，一直沿袭到清朝，长达1000多年。

### （九）顾诸紫笋

主要产于浙江省长兴县顾诸山。因形如笋、色紫而得名。茶叶细嫩，芽状紧裹似笋，色泽绿翠，白毫显露，冲泡后汤色明亮，形似兰花，香气馥郁，清高持久，滋味鲜醇，有兰花的清香，回味带甜，从外形到茶味的特点都别具风格。

### （十）菊花

菊花为菊科植物菊的头状花序。性味甘、苦、凉。含有挥发油、胆碱、腺嘌呤、菊甙、氨基酸、黄酮类、维生素 $B_1$ 等成分。具有疏风，清热，明目，解毒的功效。适用于头痛、眩晕、目赤、心胸烦热、疔疮肿毒等症。

可用于制作菊花酒、菊花绿茶饮、菊花肉片、菊花鱼片等。

### （十一）荷叶

荷时为睡莲科植物的叶，性味苦、涩、平。含有莲碱、荷叶碱、原荷叶碱等多种生物碱。具有清暑利湿，止血的功效。适用于暑湿泄泻、眩晕、水气浮肿、吐血、崩漏、便血、产后血晕等症。

可用于荷叶粥、缎荷叶冲糖水、荷叶红糖煎等。

### （十二）苦丁茶

现代科学临床应用表明，苦丁茶具有消暑解毒、消炎杀菌、化痰止咳、健胃消积、提神醒脑、减肥、降血压、降血脂、降胆固醇等功效。被国内外消费者誉为保健茶、益寿茶、美容茶，是一种应用极为广泛的天然多功能植物饮料。

### （十三）咖啡

源自希腊，意思是"力量与热情"。咖啡树是属山椒科的常绿灌木，日常饮用的咖啡是用咖啡豆配合各种不同的烹煮器具制作出来的，而咖啡豆就是指咖啡树果实内之果仁，再用适当的烘焙方法烘焙而成。

咖啡原产于埃塞俄比亚，三大咖啡品种之一的阿拉伯咖啡即野生于此。另两种是大叶咖啡、利比里亚咖啡，分别产自刚果及利比里亚。都需要高温潮湿的气候和肥沃的土壤。

"coffee"这个字衍生于阿拉伯文quwah。阿拉伯咖啡首次栽种1575年，到15世纪，这种植物才在非洲南部广为栽种，并传到邻近的印度洋及地中海沿岸诸国。到了17世纪中叶，咖啡传遍欧洲，更出现了各式咖啡屋，成为现代俱乐部的前身。咖啡在1668年传入北美洲，18世纪初引入法属西印度群岛，而后传入巴西及其他中南美洲国家。今天的咖啡在西印度群岛、墨西哥、热带南美洲、中美洲、非洲、印度及印尼皆有栽种。大叶咖啡、阿拉伯咖啡及利比里亚咖啡皆大量培植，各有不同品种。

绿色咖啡豆取自咖啡树的红色成熟浆果，每一粒浆果都有两颗咖啡豆或咖啡种子，大约要4000粒浆果才能产出1千克咖啡。

使用苦味调料的注意事项。

①苦味调料大部分是现用现制现吃，要求苦味调料必须是新鲜可口，质量有保证。

②使用苦味主调料，不宜火力太强，特别是苦味的浓度把握，是一位烹饪工作者需要掌握的技术关键。

③苦味调料不能储存，使用余汁不宜保留，而苦味调料菜品大部分是适用某一季节或某一人的特殊时间内。

④苦味的中药调料，只是用在特殊的药膳中，一般不做单独调味。

# 第七节 鲜的发展

鲜味是体现菜肴滋味的一种十分重要的味，它是一种独立的味，与酸、甜、咸、苦、辣同属其本味，鲜味调料是指能提高菜肴鲜美味的各种调料。鲜味物质广泛存在于各种动植物原料之中，其主要种类有氨基酸、核苷酸、酰胺、含氮碱等。

## 一、味精

谷氨酸由德国的雷特豪从小麦面筋中首次分离得到。1908年日本的池田菊苗从海带中分离出谷氨酸，并发现谷氨酸的钠盐具鲜味。1909年日本的铃木三郎助和忠治兄弟开始生产谷氨酸钠，并以"味之素"的名称出售。我国1921年也开始生产味精。

### （一）味精的种类

#### 1. 普通味精

它的主要成分是谷氨酸钠，又称"味素""味之素"。一般采用微生物发酵糖质原料（如甘薯粉、玉米淀粉、小麦等）来制取，形状有粉状和颗粒两种。

#### 2. 强力味精

强力味精又称为超鲜味精、特鲜味精、味精精王等。它是由工业化生产的第二代味精。它主要是由呈鲜味特强的肌苷酸钠或乌苷酸钠与普通味精混合而制成。按不同的配比量，可使味精的鲜度提高几倍到几十倍不等。强力味精中肌苷酸钠和乌苷酸钠的制取一般是从一些富含核苷酸钠的动植物组织中萃取或用核酸酶水解酵母核酸后得到。

强力味精的鲜味与普通味精一样，都必须要在有食盐存在的情况下才能体现。

#### 3. 复合味精

复合味精又称特色味精，是味精的第三代产品。

复合味精是一种由调味香料和各种呈味作用的调味料配制而成的混合型鲜味调味料。

复合味精的用途很广泛，主要有以下几个方面：

①直接作为清汤或浓汤的调味料。

②作为各种菜肴和肉味大米饭的调料，能提高菜肴的风味。后一种用途是美国的一种特殊用法，对我国烹饪界有值得借鉴仿效的价值。

③作为各种食品的涂抹调味料。在国外，复合味精的这种用法已普及，

这可能与国外一些地方流行"三明治"这类快餐食品有密切关系。

④作为肉类嫩化剂的调味料。

⑤作为方便面的调味料。

### 4. 营养强化型味精

（1）赖氨酸味精　既是烹调佳品又有营养滋补作用，对辅助治疗多种生理性疾病及儿童智力发育有一定辅助作用。

（2）VA强化味精　菲律宾生产VA强化味精，用以改善人体缺乏维生素A的情况，既是鲜味剂，又可健脑明目。

（3）低钠味精　这是日本为高血压病人生产的一种味精。

（4）中草药味精　这是一种以砂仁、丁香、干姜等8味中草药组成的复合味精。这种味精集鲜、香、麻、辣、酸于一体，风味独特，功能多样，可用于凉拌，汤菜调味。

（5）新型复合味精　鲜辣味精、粉红色，是味精中加入辣椒面所得，味鲜辣咸适度，宜冲汤、炒菜、拌面等。

### 5. 五香味精

五香粉加味精及其他调料拌匀所得，暗红色，酸辣鲜碱香具全，风味独特，宜烧、炖、焖肉类菜肴。

### 6. 芝麻味精

白色，芝麻香味浓郁，鲜咸香适度，宜于突出芝麻风味的菜肴。

### （二）味精的合理使用

#### 1. 味精和食盐的关系

在使用味精时，我们每一个烹饪工作者都不能存有菜肴滋味是否鲜美是与味精的添加量成正比关系的想法。味精在调味增鲜方面是有一定的作用，但不顾实际情况，不采取科学调味的方法，而一味地依靠添加味精来求得鲜美的效果则不恰当。正确的方法是应该根据原料的多少、食盐的用量和其他调味料的用量，来确定味精的用量。

### 2. 味精与菜肴酸碱度的关系

普通味精的鲜味的体现与菜肴的酸碱度之间有着一定的关系。当菜肴的酸味或碱味太重时，味精是不能很好地发挥其呈鲜力的。在酸味偏重或碱味偏重的菜肴中不宜加味精，而改用加鲜汁的办法提高菜肴的鲜美味。

### 3. 味精的食用量

过去对中国厨师在烹调时习惯添加较多味精的做法，有人曾提出异议，认为味精食用过多后，会使人患上"中国餐馆综合症"或称为"味精综合症"。以致有一部分人对食用味精存有恐惧感，在烹制菜肴时不敢加味精。然而，权威研究机构与高等院校的研究工作表明，适量使用味精对菜肴进行调味，不仅能使菜肴更加可口，还能对人体有一定的滋补作用，有助于供给大脑能量，有益身体健康。

## 二、虾油

虾油是虾酱后腌制的副产品，是被盐水置换出的虾机体中的营养液，具有浓郁的虾的鲜味。虾油有多种制法：河北、东北等地的制法是在加工虾酱时，提取出卤汤盛入大缸，在夏季经3个月左右的暴晒，于发酵后期加入20%～30%的麻线虾酱（用麻线虾所制）串熏后，提取的卤汁即为虾油。江苏如东县一带制法为农历正月十五日收取麻虾腌制，至清明发酵成虾酱，适当加盐腹腌，晴天暴晒，雨天遮盖，定时将竹管插入，抽取虾油，经过滤，加紫萝卜皮入锅煎沸即成。因须经过头伏、中伏、末伏，又称三伏虾油，为当地名产。

虾油，清代已食用。《本草纲目拾遗》引《宦游笔记》谓："辽宁大凌河出虾酱、虾油，皆甘美"。虾油可用于调拌凉菜，尤宜于用拌芹菜，香而鲜美；又为涮羊肉的必备调味料之一。用于渍制小菜是著名的"虾油小菜"，为辽宁锦州名产之一，其创制于清康熙年间，曾列为贡品，鲜香味美。

## 三、鱼露

以鳗鱼及其他小杂鱼或以鱼类废弃物经发酵晒炼而成，又称鱼酱油、鲭油、虾油、虾卤油。中国生产于福建、广东、浙江和广西等地，有数百年历史。它是泰国人民烹调菜肴时常用的调味品之一。

鱼露味咸，极鲜美，稍带一点鱼虾的腥味。富含钙、碘、蛋白质、脂肪和矿物质，食法与酱油相同。

泰国的鱼露制作历史悠久，但要追溯其来历的话，很难得到一个明确的回答。有人说鱼露来自老挝，因为老挝人爱吃腌鱼，而泰老两国相邻，因而传入泰国。另一说认为，鱼露源自中国，中国人擅长烹饪，与酱油一样，鱼露也是中国人首先制作成功才传入泰国的。后一说似乎有些根据，因为不管是泰国，还是老挝、越南、柬埔寨、缅甸等国的华侨，都十分喜食鱼露，这与鱼露自中国传入华侨侨居国不无联系。

制作鱼露的鱼可以是淡水鱼、糠虾或河蚌，也可以是海鱼。常用的多是斑鱼和树叶鱼。

## 四、蛏油

蛏油是用海产品蛏子为原料而制得的一种鲜味的调料，蛏油一般是作为生产蛏干时的一种副产品。我国南、北沿海地区均有蛏油生产。

蛏油的鲜味主要采自琥珀酸、谷氨酸钠及少量的肌苷酸，这三种鲜味成份的互相协调效应（即相乘作用），可使蛏油的鲜味大大增强。蛏油在烹饪中的应用很广，适用于烧、炒、烩、拌、蒸类的菜肴调味增鲜之用，也可用于一般的蘸食佐料和配制调味汁。

蛏油的贮存应注意干燥通风，并放在阴凉处，最好是冷藏，因蛏油在生产过程中不加入食盐，其盐分浓度较低，不宜长期贮存。

## 五、蟹油

蟹油的味道特别鲜美，其原因是蟹肉中含有多种鲜味成分。这些鲜味成分大致可分为三类：一类是游离的呈鲜味的氨基酸。据测定蟹肉中游离的氨基酸占整个鲜味成分的55%，这是蟹肉呈鲜的主要成分；第二类是核苷酸，如肌苷酸，虽然肌苷酸的含量很低，但它的鲜味大大高于普通味精；第三类是含氮碱、糖类、盐类等，它们在一定程度上起着助鲜的作用。

制作蟹油时要注意：蟹肉、蟹黄中的水分一定要熬干，这是关键，否则，不但影响蟹油的风味，而且易变质，难保存。若想长期食用蟹油，最好用素油而不用猪油熬，熬成后盛入陶瓷器中，冷却后放入冰箱中保存。

### 六、蚝油

蚝油即为牡蛎油，是广东一带传统的鲜味调料，用牡蛎汁制成。因广东称牡蛎为蚝而得名。

蚝油因加工制法不同，分为三种。第一种用加工蚝豉（牡蛎干）时煮牡蛎的汤，经加工浓缩后制成，第二种将鲜牡蛎捣碎、研磨后，取汁熬成，这二种制品均称原汁蚝油。第三种是将原汁蚝油经改色、增稠、增鲜等处理后的制品，又称精制蚝油。此外，因调味不同分为淡味蚝油和咸味蚝油两类。

蚝油主要用于菜肴调味，适用范围十分广泛。在广东菜系中形成一种独特风味的蚝油菜式，菜品甚多，如蚝油牛肉、蚝油鸡、蚝油滑鸡片、蚝油扒干肚、蚝油豆腐、蚝油网鲍片、蚝油鸭脚等。蚝油也可用于拌面、拌菜、煮肉、炖鱼、做汤，或用于蘸食白切鸡、萝卜糕等。用于菜心、菜和菇类蔬菜，尤可显出鲜美风味。

蚝油含有多种氨基酸，有与牡蛎相近的营养价值。质量好的蚝油呈稀糊状，无渣粒杂质，色红褐至棕褐，鲜艳而有光泽，有蚝油特有的香气和酯香气。味道鲜美醇厚而稍甜，无焦、苦、涩和腐败发酵等异味，入口有似油样滑润感。保存应放置在无阳光照射的阴凉地方。保存期一般不超过一年。如发现沉淀、浑浊、有气泡等现象，应立即加以煮沸浓缩处理。开封后，宜早日用完，气温较高的季节或地方，必须注意，以防变质。

### 七、虾籽

虾籽古称虾子，俗称虾蛋，用海虾或河虾的卵干制而成。产于每年5月虾类孕卵期，将饱含卵的虾置于清水中轻轻搅动，使卵落入水中，洗净后，滤出沥干，用暴晒法或入锅微火焙法干制即成，偶有加盐腌后干制。成品呈橘红色或浅红色颗粒状，色鲜艳而有光泽，颗粒松散无粘结、无杂质者为上品。生产于江苏河湖地区和沿海地区，河北、山东沿海地区亦产。

明代已有食用虾籽的记载。旧时是烹调中的重要鲜味调味品，用于许多菜品或面条、馄饨等食品。与主配料一同烧煮、调拌，或调制鲜汤供作菜用，或撒入汤中以增鲜。自味精出现后，逐渐被淘汰。现在，已很难见到，商店也极少销售。仅在民间有少量生产，自制自用。虾籽除了具有一定的鲜味外，还有水产品的自身特有的香味，有些菜品、小吃仍必须用到，如上海的虾籽大乌参，天津小吃虾籽豆腐脑，以及虾籽烧玉兰片、虾籽豆腐等。虾籽还可用于制作虾籽辣酱，虾籽腐乳等制品。

### 八、菌油

菌油又称蘑菇油。用鲜菌和植物油混合炼制而成，为中国特产，主产于湖南和江苏常熟等地。制作方法是用优质鲜菌洗净沥干，以菜油少许炸炒，下精盐、姜末、酱油，接近炒熟时，倒入菜油中熬煮2小时而成。用料比例为：鲜菌50千克，菜油20千克，盐3.5千克，酱油1千克，生姜200克，经加工后可出菌油40千克。也可用菜油熬制。湖南长沙所产的菌油，是以著名特产寒菌（松乳菇）制成，又称寒菌油。湖南洪江市所产洪江菌油也是名产。

菌油味道鲜美隽永，润滑香醇，菌肉脆嫩，用于制作菜肴，风味独特。著名菜品如菌油煎鱼饼、菌油烧豆腐等，还可用以拌面条、拌米粉和做汤。以鲜货为好，盖严后放在干燥通风处，可久贮。如开封后便不宜久放，以防氧化。

### 九、鱼酱汁

鱼酱汁的味道极鲜美，并稍带有一点特殊的鱼腥味。在烹调中既可用作炒、烧、烩等菜肴的调味，又可作冷菜、拌油、蘸饺子等的佐料，主要起提鲜增香的作用，使菜点的风味变得别具一格，同时还有提色补咸的作用。

鱼酱汁在室温下放置3～4个月不会变质，存入冰箱可延长到1～1.5年不变质。

第三章

复合味调味汁

# 第一节　西式调味料的种类

### 1. 巴西里

又名荷兰芹、洋香菜，有卷叶与扁叶 2 种，卷叶较容易购买，但多用为菜肴装饰，扁叶巴西里通常被称作意大利巴西里，产量较少较昂贵。欧洲人把巴西里如同使用盐一般的调味料食用，常随手撒在菜肴上，不仅可添加香气，还有装饰效果；而其在中式菜肴多为摆盘装饰用，于法国菜则与醋结合作调味使用。

### 2. 薄荷

春季到夏季盛产于热带地区，只采用新鲜叶片做菜，若加热烹煮时间较久清凉感会消失。通常使用在冷菜上，直接将叶片摆放于沙拉或甜点上作装饰，或是切碎与酸奶调成沙拉酱汁，或加入甜点糖水中同煮，清凉的味道能让菜肴吃起来更爽口。如果使用在热的菜肴上，英、美国家多搭配羊排食用。

### 3. 迷迭香

原产于地中海岸断崖上的迷迭香，有"玛丽亚的玫瑰"及"海的水滴"之称，香味持续力长且强烈，有类似樟脑的气味。在菜肴上多用于去除鱼、肉类腥味与腌渍肉类时使用，常用于法国菜肴及意大利菜肴。其味道较苦，食用之后口中会残留药味，有苦的感觉，使用时需小心用量，烹调后需捞除。

### 4. 百里香

百里香又称为虞香草，香味清新优雅，主要生产于法国和西班牙，用途广泛，新鲜或干燥的枝叶皆可用于烹调，也可冲泡成花草茶，即使长时间加热风味不减，实用性相当高。百里香可说是众多香料中的基本香料，通常在炖煮汤底、酱汁时加入，适合肉类的调味。通常只有干燥的，干燥过的百里香香味大概会比新鲜的少4‰，因此使用干燥的百里香做菜时就必须用多一点的分量。

### 5. 俄力冈

俄力冈的香气浓郁，是因为它生长在地中海山中，古时希腊人认为它会带来喜悦，所以取"山中的喜悦"之意，命名为Oregano。俄力冈又称为"比萨草"，顾名思义，它是制作比萨时不可或缺的香料，但由于它的气味浓烈扑鼻，因此只需加入少许，就能带出食味的美味了。此外，俄力冈也常搭配番茄与奶酪等原料一起烹调，用来煎蛋或消除肉类的腥味也有很不错的效果，还可以促进食欲。

### 6. 罗勒

"罗勒"与"薄荷"为近亲，其别名是"九层塔""十里香"，分为亚洲种与欧洲种，气味上略有差别，一般来说，亚洲品种的气味较浓烈些。而谈到其用途，我们除了在"三杯鸡""炒蛤蜊"等中式热炒菜肴中常见到其踪影，意大利面、比萨与海鲜沙拉也时常会应用罗勒来增添美味。

### 7. 意大利香料

是以意大利菜肴中常见的香料混合而成，适合用来烹饪各种意式菜肴，比如意大利比萨、意大利面、汤与沙拉等，也可以用来做通心面酱与肉品的调味料，都能散发出地道的意大利美食风情。此外，也可开胃、助消化。

### 8. 匈牙利胡椒粉

匈牙利胡椒粉是匈牙利调味料中最常使用的香料，具有浓郁的香气和鲜艳的色彩，可用在沙拉、煮汤、烧烤、油炸和装饰上。酱料中的匈牙利红椒粉不但可用来调味，还可利用它来呈色。

### 9. 茵陈蒿

茵陈蒿又名艾叶，原产于西伯利亚及中亚，后传向欧洲。茵陈蒿是法国菜肴中十分重要的调味料，具有类似茴香般的辛辣味，半甜半苦，可调制酱汁、香料醋、熬汤，新叶片可搭配炒蛋、炒菇类，或用于调制鱼、海鲜、火鸡沙拉的酱汁。西式酱料多偏酸味，茵陈蒿适合搭配酸味调味料来调制酱汁，多搭配醋使用。若使用于炒的菜肴，新鲜叶片较适合。

### 10. 胡椒

胡椒主要产于印度，可以温暖肠胃，除了一般较常使用的黑、白胡椒之外，另外还有红、绿两种，主要是成熟度与烘焙程度的不同。白胡椒的辣度比较淡，黑胡椒的辣度比较强，而且白胡椒多为粉状，黑胡椒多为细粒状，大约可保存2年。胡椒的使用频率较高，用途相当广泛，肉类或蔬菜菜肴、煮汤调味、腌渍等，都是胡椒大展身手的好舞台。

### 11. 小茴香

小茴香产于地中海，质地温和，有着温暖怡人的独特浓郁气味，但尝起来味道有点苦，且略微辛辣，有助于提神、开胃。小茴香是制作许多综合香料的主要原料。运用在烹饪方面，小茴香可使用于马铃薯与鸡肉等沙拉酱，也可用于肉类调理，或制作烤肉酱与烹调牛肉汤。要注意的是，小茴香在烹煮之前，必须先烘烤过，才能将它的味道散发出来。

### 12. 虾夷葱

虾夷葱又名"细香葱""西洋丝葱"，与洋葱及葱属同类，但味道比葱温和。叶与花都可利用，叶大多用于沙拉、汤、炒饭、煎蛋卷等，或搭配海鲜、奶酪做菜，或作为装饰；花可当作沙拉的调味料之一。虾夷葱几乎都是使用新鲜的，属配角香料，与葱相似，炒得时候会有一些葱香味，但味道较细腻，淡香而不呛。

### 13. 墨西哥辣椒

小且辛辣，多半为鲜绿色的辣椒，墨西哥辣椒的使用通常分为新鲜及干燥两大类，常被用来腌渍黄瓜，或被制作成辣椒干或辣椒颗粒。在拉丁美洲的饮食菜肴上，被广泛的使用，可搭配各种菜肴。

### 14. 法式芥末酱

法式芥末酱的口味因添加的香料如蜜蜂、葡萄酒、水果等而有所不同，有细滑膏状与带籽粗末状两种，适合搭配沙拉、牛排、猪脚、烤肉、香肠，及调制美乃滋等。不同于日本芥末的"呛"，法式芥末酱带点微酸的滋味，有辣与不辣带酸味两大类。

### 15. 枫糖浆

为加拿大特产，取自枫树皮，香气具有甜味，口味浓郁，甜度非常高，适用于松饼和面包的蘸酱。

### 16. 紫苏酱

紫苏酱由松果、紫苏、大蒜、乳酪、橄榄油等调制而成，在意大利是非常有名的调味酱，适合搭配肉类、海鲜、开胃菜以及各式意大利面的调味酱，也可以来调和酱料。

### 17. 梅林辣椒油

梅林辣酱油是用多种调味料与辛香料调配炼制而成，适合酱料的制作和各式菜肴的蘸食。

### 18. 覆盆子酱

覆盆子有欧洲蓝梅之称，是草莓家族里最受欢迎的果子之一，富含铁及维生素，酸酸甜甜的味道，用在调制搭配甜点、海鲜类的酱料。

### 19. 葡萄酒醋

适用于调制搭配海鲜、肉类等菜肴的调味酱料，也可以和香料、橄榄油调成万用的沙拉酱等酱汁。

### 20. 苹果醋

苹果醋含有苹果香气，可用来调制酱汁、沙拉或做菜。苹果醋更可增加基础代谢，减少脂肪堆积。

### 21. 卡夫奇妙酱

主要突出奶香和微酸的一种调味品。卡夫奇妙酱是我国比较流行的一种调味品。

用途：此酱一般是用于制作各种沙拉（冷菜）和煎、炸、烤等菜肴。将此酱加入凉菜中拌匀或挤镶在凉菜上食用，或随菜上席蘸食。

### 22. 沙嗲酱

主要突出香辣的一种调味品。新加坡，沙嗲酱由咖喱粉、黄豆、花生、蒜仁、辣椒、洋葱、虾酱、胡椒粉、果汁、盐、糖等加工而成的。

用法：多用于煲仔类菜肴、黄焖类菜肴，爆炒类菜肴的调味，或用于煎、炸、烤、煮、焯等菜肴的蘸食。如"沙嗲牛肉""沙嗲鸡脯"。

23. 美极鲜酱油

主要突出鲜、咸、香的一种调味品。其特点是鲜味突出，氨基酸含量高，营养丰富，又可直接食用的好处，在调味中很受欢迎。

24. 日本万字酱油

主要突出五香药料味的一种调味品。它是日本制造的一种中草药加化学酱油和酿造酱油的风味特品，口味芳香，是制作五香香辣菜品的理想调味料。

25. 李派林唣汁

主要突出酸、辣、香的复合调味品。是香港李锦记系列产品中的一种辣酱油，其原料有陈皮、丁香、桂皮、辣根、醋等。一般用于炸制食品的蘸汁或烩菜、烧菜的味汁。

# 第二节　复合调味汁的调制方法

## 一、咸鲜味类调味汁的调制

1. 白芡汤的调制

（1）调味料　二汤500克（牛肉熬制而成）、盐20克、味精40克、白糖12克，特殊白芡汤用高级清汤制成，清汤、鸡鸭，牛肉汤后加鸡茸吊汤，其他调料同一般芡汤使用。清炒、油爆、煸炒均可使用。

（2）风味特点　它适宜制作无色菜肴或爆菜的芡汤。色白味浓，鲜感适中。

（3）调制　将以上调味料加热至沸即成。

（4）注意事项　可加入鸡精、牛肉精，加时注意味的鲜度。

（5）菜品举例　白汁爆青虾、白芡浇汁鱼。

2. 虾卤汁的调制

（1）调味料　虾油2克、糖40克、芫荽50克、圆葱50克、姜片50克、上汤100克、料酒25克、生抽50克、味精15克。

（2）**调制** 将芫荽、圆葱、姜片洗净，锅置火上加生抽将三者炸出香味后入虾油、料酒、糖、上汤、味精，烧沸为止，滤渣去沫即成。

（3）**风味特点** 虾卤汁适宜于热菜，鲜味独特，鲜香咸甘。

（4）**注意事项** 必须将三者炸出香味；味精沸后加入；卤汁入5℃的冷藏柜中保存。

（5）**菜品举例** 虾卤豆腐、虾卤三味。

3. 煎封汁的调制

（1）**调味料** 清汤500克、豉汁300克、生抽150克、白糖40克、老抽50克、味精25克、精盐10克。

（2）**调制** 把上述各种原料混合后煮沸即成。

（3）**风味特点** 色泽柠红，具有香味，常作海河鲜品煎后调色调味剂。

（4）**注意事项** 煮的时间不易太长，可加些糖色。

（5）**菜品举例** 煎封鲳鱼、香煎泥鳅。

4. 蒸火腿汁的调制

（1）**调味料** 净瘦火腿500克，上汤1千克。

（2）**调制** 将熟瘦火腿盛于瓦钵，加汤500克，蒸烂即成。

（3）**菜品举例** 火汁熘菜胆、火汁豆腐卷。

（4）**注意事项** 选择火腿要新鲜，蒸至时间要足；也可加口蘑、香菇同蒸味道更佳。

5. 青汁的调制

（1）**调味料** 菠菜500克、清汤150克、味精6克、精盐4克。

（2）**调制** 将菠菜叶洗干净，用捣碎机把菠菜叶捣碎，控出汁液备用，到需用时把菠菜汁、上汤、味精、精盐调匀即可。

（3）**风味特点** 色泽翠绿、味鲜，有新鲜菜叶的清香。

（4）**注意事项** 菠菜要鲜嫩叶绿，清汤要清。

（5）**菜品举例** 青汁虾仁、翡翠蹄筋、翡翠鸡丁。

6. 白汁的调制

（1）调味料　蟹肉50克、清汤250克、味精10克、精盐6克、糖4克、鸡精10克。

（2）调制　将蟹肉捣碎，加清汤、味精、精盐、糖、鸡精加热烧开。

（3）风味特点　色泽洁白，味鲜微甜。

（4）注意事项　蟹肉新鲜，比例合适。

（5）菜品举例　白汁鸡脯、白汁鲜贝。

7. 卤水汁的调制

（1）调味料　八角75克、桂皮100克、甘草40克、草果25克、丁香25克、沙姜25克、陈皮25克、罗汉果1个、花生油40克、姜块100克、长葱条250克、生抽王400克、绍酒300克、白糖150克、清水100克、红曲米150克。

（2）调制　将八角、桂皮、甘草、丁香、沙姜、陈皮、罗汉果放进一小布袋中，捆扎好口袋，用中火加热锅，放花生油，加姜块和长葱条爆香，放入清水、生抽、绍兴酒、白糖、药袋及红曲米袋同时煮至微沸，转用小火煮30分钟，捞出姜、葱，撇去面上浮沫即成。

（3）风味特点　色泽深棕，含浓郁香气，用于制作一般卤味食品。

（4）注意事项　可根据当地食客要求，香料多加一些；红卤制成后若要长期保存，夏季一天2开锅，冬季2天一开锅；随卤的主料多少，酌情加些香料。

（5）菜品举例　卤制下水、鸡、鸭。

8. 精卤水的调制（主料5000克）

（1）调味料　八角75克、桂皮100克、甘草100克、草果25克、丁香25克、沙姜25克、陈皮25克、罗汉果1个、花生油200克、姜块100克、长葱条250克、生抽500克、绍兴酒250克，冰糖100克、红曲米150克、白芷30克、荜拨20克、红肉蔻30克、砂仁20克、花椒10克、黑椒40克、香叶10片、山奈10克、干红椒50克、姜块50克。

（2）调制　将八角、桂皮、甘草、草果、丁香、沙姜、陈皮、罗汉果等香料装进一个口袋中，捆扎好袋口，另用一个口袋盛红曲米，捆牢口袋用中火把锅烧热，下花生油，加姜块、长葱条烹至产生香味，放入生抽、绍兴酒、冰糖、药袋及红曲米袋一同烧到微沸，再用小火煮30分钟，去掉姜块、葱条，撇去汤面上的泡沫便成。

（3）风味特点　色泽深棕，味芳香清甜，常用于制作名贵高级卤味。

（4）注意事项　调味料要随卤制的原料多少而加减。

（5）菜品举例　可卤制肉类、下水类、鸡鸭类。

9. 白卤水的调制（主料5000克）

（1）调味料　八角30克、沙姜15克、草果30克、花椒30克、甘草30克、桂皮30克、清水2000克、精盐50克。

（2）调制　将上述各种香料原料放进一个小袋中，扎好袋口，加进清水2000克同煮，用小火慢熬约一个小时，最后加进精盐50克即成。

（3）风味特点　色泽浅棕，气味芳香。

（4）注意事项　可加入白酱油增加风味。

（5）菜品举例　白卤肚、白卤鸡鸭。

10. 鱼汁的调味（主料500克）

（1）调味料　葱头50克、芫荽25克、冬菇柄25克、姜片5克、生抽5克、老抽5克、味精5克、姜20克、白糖2克、胡椒粉2克、香油5克、鲜汤25克。

（2）调制　先将葱头炒香，然后加芫荽及冬菇柄，加汤慢火熬约半小时，过滤去渣，加入所有味料煮至溶解便成。

（3）风味特点　味鲜、清香，适用于清蒸海鲜及白灼类菜肴。

（4）注意事项　调汁把香菇柄煮出香味，火不宜大。

（5）菜品举例　鱼汁片鱼、鱼汁烧茄子、鱼汁美极虾。

11. 五香汁的调制（主料500克）

（1）调味料　酱油10克、白糖25克、料酒1.5克、食盐5克、葱2克、姜2克、花椒25克、大料25克、茴香各25克、桂皮4克、糖色适量、鸡汤250克。

（2）调制　将以上调味料调匀加热至汤，过滤即成。

（3）风味特点　五香味浓，适合于冷菜制品。

（4）注意事项　加热时间不宜太长，冷却后可调入味精、香油。

（5）菜品举例　五香腐干、五香熏鱼。

12. 香椿汁的调制（主料500克）

（1）调味料　香椿粉50克、蒜茸30克、盐10克、醋5克、味精6克、香油5克、鲜汤50克。

（2）调制　将以上原料搅匀便成。

（3）风味特点　香椿汁宜作味道特殊的菜肴，冷热皆宜，香气诱人，风味独特。

（4）注意事项　现用现调，汁不宜太咸，香油勿盖香椿独特风味。

（5）菜品举例　拌豆腐、蒸鸡蛋等。

13. 味噌汁的调制（主料5000克）

（1）调味料　咸味噌200克、糖10克、味精5克、香油5克。

（2）调制　把各种调料搅匀即成。

（3）风味特点　味噌汁适合于补腻、提鲜、增香、上色，风味独特。

（4）注意事项　因冷菜用法不同，做法有区别，可自行变化，宜小火。

（5）菜品举例　噌汁鸡、鸭、鱼等。

14. 凉拌汁的调制（主料500克）

（1）调味料　凉拌酱20克、蚝油10克、糖5克、味精2克、胡椒面10克、凉开水200克、葱头20克、干葱20克、蒜茸20克、菜油30克、香油20克。

（2）调制　锅置火上，加热油，炒葱头、干葱、蒜茸出香味，加蚝油、凉拌酱、凉开水、糖、味精、胡椒面烧沸搅匀，晾凉，滤渣，加香油即成。

（3）风味特点　凉拌汁属新型味汁，宜于冷菜的调味。鲜香浓郁，咸甜适中。

（4）注意事项　制汁时顺序不要颠倒，滤时要净，加热时间不宜过长。

（5）菜品举例　凉拌藕片、凉拌鸡柳。

15. 虾汁的调制（主料5000克）

（1）调味料 香葱150克、洋葱丝150克、姜片150克、红椒丝150克、蒜仁片50克、生抽王500克、老抽王250克、味精100克、香醋100克、香油75克、白糖50克、清汤2000克，加饭酒100克。

（2）调制 将香葱、洋葱丝、姜片、红椒丝、蒜仁片、生抽王、老抽王、味精、香醋、香油、白糖、清汤一起放入净锅内，烧开，捞出渣滓加入加饭酒，出锅即可。

菜品举例：虾汁麒麟鱼、虾汁百花虾。

## 二、酱香型调味汁的调制

1. 花生酱汁的调制（主料5000克）

（1）调味料 花生酱200克、白糖100克、盐5克、黄酒20克、鲜汤80克。

（2）调制 将以上各种调料调匀即成。

（3）风味特点 香酸适中，味醇酱香。

（4）注意事项 先用鲜汤调开花生酱，再加料，上火熬溶。

（5）菜品举例 常用冷甜菜的汁。

2. 柱候酱汁的调制（主料5000克）

（1）调味料 上汤1000克、柱候酱500克、丁香5克、黄酒250克、番茄汁5克、白糖150克、味精50克、香油25克。

（2）调制 原料置锅中调匀滚30分钟即成，柱候酱用上汤调开，再入锅。

（3）风味特点 柱候酱汁适用于凉菜，也可用于热菜。酱香浓郁，口味鲜咸。

（4）注意事项 调用柱候酱汁时，应加味精、香油调好。

（5）菜品举例 柱候鸡、鱼、鸭等。

3. 烧烤汁的调制（1）（主料5000克）

（1）调味料 米酒1000克、芝麻酱250克、五香粉50克、味精10克、蒜茸150克、花生油50克、白糖2克、柱候酱1.5克、大茴香50克、南乳150克、葱茸100克、汾酒50克。

（2）调制　南乳压烂，生油50克放入锅内，起锅先把南乳茸、葱茸炒出香味，再把其余原料和白糖溶解，最后把汾酒下锅搅匀即成。

（3）风味特点　此味汁一般只用于烤制鸡鸭鹅的腌制，味浓郁、酱香、酒香咸甜。

（4）注意事项　汁应放在5℃左右阴凉处，制成后滤去杂物。

（5）菜品举例　浇汁鸭子、浇汁蘸肉。

4. 烧烤汁的调制（2）（主料500克）

（1）调味料　丁香2克、姜块10克、洋葱25克、花生油50克、白糖6克、生抽25克、清水60克。

（2）调制　用中火烧热锅，下花生油，放姜块、洋葱爆香，放入清水、生抽、白糖同煮至微沸，再转用小火煮20分钟，过滤即成。

（3）风味特点　色泽红褐，味道鲜美而香醇，适宜于家庭或野外烧烤肉类食品。

（4）注意事项　可加五香粉，但不宜太多，洋葱要爆出香味。

（5）菜品举例　铁板烧汁鱼、铁板烧汁虾。

5. 陈皮磨豉酱的调制（主料500克）

（1）调味料　陈皮30克、锦豉50克、酱油15克、辣椒粉25克、花生酱10克、糖10克、洋葱15克、姜5克、色拉油25克。

（2）调制　将勺上火加色拉油至热，加入陈皮、锦豉、洋葱茸炒香，随后加入其他调味料，搅匀至沸即成。

（3）风味特点　色艳味浓，香味四溢。

（4）注意事项　原料一定要洗净，磨细；加热时炒出香味即成。

（5）菜品举例　磨豉瓦块鱼、磨豉肉排。

6. 沙茶酱汁的调制（主料5000克）

（1）调味料　沙茶酱1瓶、干葱头50克、盐25克、糖25克、味精10克、冷鲜汤50克、香油5克。

（2）调制　将以上调料调匀即成。

（3）**风味特点** 此酱汁适用于烹制肉类或凉拌等的调味，鲜感微辣，甜中酱浓。

（4）**注意事项** 可用烤制法，将调味汁烤制（180℃）；颜色可调入橙红色。

（5）**菜品举例** 沙茶鸭子、沙条牛肉。

沙茶酱制法：虾肉20克、蒜头500克、葱头500克，切碎，下油锅炸至红色捞出，加入250克切碎的辣椒及茴香、肉桂同炒后，取出研粉，另用花生油酱200克入锅炒干，与上述研粉拌匀，加少量的白糖同煮，即成沙茶酱汁。

**7. 韭花铁板汁的调制（主料500克）**

（1）**调味料** 韭花酱100克、生抽20克、花生酱15克、精盐2克、味精2克、上汤50克、香油2克、生油25克。

（2）**调制** 铁锅置火上加热油，下韭花酱、花生酱，炒出香味，加入生抽、盐、糖、上汤、香油，搅匀即成。

（3）**风味特点** 韭花铁板汁属于铁板系列，韭香四溢、鲜咸可口。

（4）**注意事项** 炒酱时不要炒糊，以免影响口味，可用淀粉勾芡增加稠度和亮度。

（5）**菜品举例** 铁板双花、肉卷。

**8. 咸鱼豆豉酱的调制（主料500克）**

（1）**调味料** 咸鱼粒50克、豆豉50克、蒜仁20克、葱白20克、生姜20克、香油、味精、胡椒粉各适量、熟花生油100克。

（2）**调制** 咸鱼粒、豆豉、蒜仁分别用油爆香后，与葱白、生姜（去皮）混合在一起，绞成泥装碗，再注入烧热的花生油，加胡椒粉、味精调匀即成。

（3）**风味特点** 鲜香咸豉味浓香。

（4）**菜品举例** 咸鱼豆豉全煲，咸鱼豆豉浇鳝鱼。

**9. 新潮复合腐乳酱的调制（主料500克）**

（1）**调味料** 白腐乳10块、花生酱20克、芹菜20克、熟鸡蛋黄2个、白糖5克、辣椒面5克、熟花生油50克、精盐3克、鸡精5克。

（2）**调制** 辣椒面入碗，倒入烧至6成热的熟花生油，搅拌待用；芹菜用沸水焯后切成细末；蒜仁斩泥；白腐乳、熟鸡蛋黄分别用刀斩成泥装盘，加入芹菜末、蒜泥、白糖、花生酱、精盐、鸡精和油炸辣椒面，调匀而成。

（3）风味特点　乳香咸、微辣、色彩艳丽。

（4）菜品举例　乳腐鸡块、腐乳牛扒。

10. 复合柱候酱的调制（主料5000）

（1）调味料　柱候酱180克、芝麻酱160克、花生酱150克、海鲜酱150克、南乳300克、腐乳300克、白糖100克、干葱茸300克、蒜茸300克、绍兴酒600克、陈皮茸100克、五香粉75克、沙姜粉50克、香油80克、花生油150克。

（2）调制　先将南乳抓成泥，然后与柱候酱、芝麻酱、海鲜酱、腐乳、白糖、绍酒、五香粉、沙姜粉、香油一起放入瓦钵（可用不锈钢盛器）内。炒锅上火，下花生油，放入于葱茸、蒜茸、陈皮茸爆香，倒入混合酱内调匀即成。

（3）具体运用　主要用于烧、煨、煲仔、酱爆等菜肴的调味。

11. 黑椒汁的调制（主料500克）

（1）调味料　黑胡椒100克、洋葱粒50克、干葱头75克、香叶5片、姜末75克、蒜茸75克、香菜根6克、辣椒40克、面粉300克、番茄沙司100克、精盐45克、白糖40克、味精75克、牛骨1千克、鸡骨1千克、色拉油500克、清水6千克。

（2）调制　牛鸡骨砸碎、浸水，滤干水，入烘炉至金黄，有香味备用，香菜炊烂，黑椒略炒，碾碎，锅中下油，入洋葱、姜末、蒜茸、辣椒、干葱头煸香，放香菜、胡椒、番茄沙司、面粉炒出香味，入烤香的牛骨、鸡骨、水、用慢火熬40分钟，熬时轻轻搅动，防粘底，捞起牛鸡骨，放入香菜等，加精盐、味精、白糖和适量老抽调味上色，冷后盛装即成。

（3）风味特点　汁香味浓。

（4）注意事项　开锅后宜小火，不宜大火。过滤要细，最好2～3遍。

12. 茶香汁的调制（主料500克）

（1）调味料　云雾茶100克、桂皮25克、甘草25克、香菜15克、生抽15

克、老抽10克、糖15克、盐2克、味精5克、汤200克、香油3克。

（2）调制　茶用锅烘干出香味，与桂皮、甘草入纱布包紧，汤置沙锅中加生抽、老抽、糖、盐，放入香菜，小火煮30分钟，调入味精、香油即成。

（3）风味特点　茶香汁适用于热菜，烧、焖等菜肴，茶香清口、解腻增香。

（4）注意事项　可依口味加葱姜丝、香菜段，用茶香汁制作茶香类菜肴，可按原料多少添料成汤，用之佐食，汁在5℃左右存放。

（5）具体运用　茶香烧焖肉、鱼等。

13. 辣椒油的调制（主料500克）

（1）调味料　干辣椒50克、尖椒20克、豆油150克，鲜姜25克、洋葱头25克、葱50克。

（2）调制　豆油烧至白色，投入葱姜呈金黄色时下辣椒炸至焦，再放入洋葱头，捞出原料，油凉后即成。

（3）风味特点　辣椒油适宜于凉菜及热菜的辣味用油，色红、香辣可口。

（4）注意事项　油热才能炸出香味，无豆油可用其他植物油代替，油凉后过滤澄清为佳。

（5）菜品举例　红油鸡条、红油肚丝。

14. 美味辣酱的调制（主料500克）

（1）调味料　鲜红辣椒50克、生姜25克、大蒜20克、油炸豆豉25克、美极鲜酱油30克、熟菜油75克、精盐3克、味精2克、鸡精5克、醪糟75克、白糖15克、黄酱20克、香油10克。

（2）调制　鲜红辣椒去蒂洗净，沥干水分；生姜剥皮，切厚片；大蒜剥皮洗净；油炸豆豉、醪糟、姜片、蒜仁、辣椒混在一起，绞成泥装盆，先浇入烧热的熟菜油，再依次加入美极鲜酱油、白糖、精盐、味精、鸡精、香油、黄酱，拌匀即可。

（3）风味特点　色泽红艳，味香辣。

（4）菜品举例　美味大蟹煲、美味大明虾。

### 三、酒香类调味汁的调制

1. **啤酒汁的调制（1）（主料5000克）**

（1）**调味料** 生啤酒250克、茄汁150克、糖100克、盐5克、生抽50克、水淀粉25克。

（2）**调制** 锅置火上烧热下油，下茄汁略炒，加生啤酒、糖、盐、略煮，水淀粉勾芡，再用少许热油，使汁糊再爆起即成。

（3）**风味特点** 啤酒汁适用于热菜的调味，色红艳，酒香甜酸。

（4）**注意事项** 制汁时生啤酒效果好，汁芡一定炒匀，并爆起啤酒、茄汁的香味。

2. **啤酒汁的调制（2）（主料500克）**

（1）**调味料** 生啤酒250克、西汁50克、生抽30克、葱姜20克、盐5克、糖20克、胡椒粉2克、味精5克、花生油25克、香油3克。

（2）**调制** 油加入锅内，加入葱姜爆出香味，加啤酒、西汁、生抽、盐、糖、胡椒粉，汤开约2分钟，加味精、香油便成。

（3）**风味特点** 啤酒汁适用于热菜调味，宜炖、焖、烧等，色红，酒香四溢，甜咸微苦。

（4）**注意事项** 啤酒属苦味调料，糖的比例不可忽视，它可解苦增香，用此汁焖、烧烹制最好，入沙锅中，更具特色。

（5）**菜品举例** 啤酒焖牛肉、鸡块等。

3. **醉香汁的调制（1）（主料5000）**

（1）**调味料** 葱白500克、料酒300克、花椒40克、酱油50克、味精10克、姜末10克、白糖25克、香油30克、高度白酒50克。

（2）**调制** 把花椒炒香碾末，葱白切末，加少许料酒调湿，用纱布包好，入酒中泡数小时，即成葱姜料酒，再加酱油、味精、姜末、白糖、香油调制即成醉汁。

（3）**风味特点** 醉香汁适用于醉菜的菜肴，口味清香，咸淡适中。

（4）注意事项　花椒碾末煎炒出香味，料酒泡制不少于1小时，汁子不宜过咸，比例要适当。

（5）菜品举例　醉香大明虾、醉香牛柳。

4. 醉香汁的调制（2）（主料5000）

（1）调味料　红葡萄酒250克、茄汁150克、盐10克、白糖60克、白醋6克、高汤300克、花生油50克。

（2）调制　锅置火上，将花生油烧热，下茄汁，红葡萄酒、糖、盐、高汤烧沸，待出酒香味时加入白醋略浓缩即成。

（3）注意事项　加热时间不宜太长。

（4）风味特点　酒香味浓，非常诱人。

（5）菜品举例　贵妃鸡翅、醉香牛肚。

## 四、香辣味类调味汁的调制

1. 芥末糊的调制（主料500克）

（1）调味料　芥末粉150克、熟菜油50克、白糖50克、醋150克。

（2）调制　将芥末粉、白糖、醋调拌后，倒入沸水400克搅匀，再加入熟菜油调拌均匀，密闭静置2小时即成。醋能激发冲味，除去苦味；白糖除苦味；熟菜油起增香密闭作用，以使激发出的冲味不致散失，所以调制后即成为香辣而冲味浓郁，无苦味的芥末糊。制成后要封闭、静置，才能达到激发香辣冲味，除去苦味的效果。

（3）风味特点　芥末糊呈浅黄色，为半流体的稀黄状态，具有浓郁刺鼻的独特风味。

（4）注意事项　一定要选用新鲜的青芥籽制作的芥末粉，变质后的芥末粉苦味重，不能使用。若调冲味差，可密闭后用热水烫一下，或上笼蒸几分钟，再晾凉使用。

（5）具体应用　常用于凉拌菜肴、凉面、薄饼的调味。

2. 咖喱油的调制（主料5000克）

（1）调味料　咖喱粉250克，熟菜油（或花生油）500克、胡椒粉20克、干红辣椒末50克、生姜末50克、蒜头50克、洋葱末75克。

（2）调制　炒锅洗净置中火上，下熟菜油烧至四成热，依顺序放入辣椒末、姜、蒜、洋葱末炒出香味，加入咖喱粉炒，待炒透出香味，起锅盛入瓷缸晾凉备用。

（3）风味特点　口味辣香浓郁。

（4）注意事项　咖喱油宜少制勤制，存放过久会影响调味效果。

（5）具体应用　用于鸡肉、牛肉、土豆、花菜等原料的烧炒、烩拌的调味，或用于面食调味。

3. 油酥豆瓣的调制（主料500克）

（1）调味料　郫县豆瓣75克，熟菜油100克、白糖10克。

（2）调制　先将豆瓣剁细，将炒锅洗净置中火上，下熟菜油烧制成熟，放入豆瓣反复炒香至油呈红色，盛入瓷缸晾凉备用。

（3）风味特点　油酥豆瓣具有色泽油红发亮，香辣浓厚，不烈不燥的特点。

（4）注意事项　炒豆瓣时，火力不宜过大，应控制油温的上升速度，炒香至油呈棕红色即可，防止焦糊。最好即食即制，贮存时间不宜过长。

4. 红油的调制（主料500克）

（1）调味料　辣椒油75克、精盐5克、自制酱油25克、白糖5克、味精2克、香油15克。

（2）调制　先将精盐、白糖、味精、酱油调匀溶化后，加入辣椒油、香油调匀即成。酱油提鲜定咸，精盐辅助酱油定味，白糖和味精提鲜组成咸甜味，咸味恰当，甜味以口感微甜为宜，辣椒油要突出辣香味，用量根据菜肴的需要适量为宜。重在用油，辣味不宜太烈。味精提鲜，以不压菜肴原料本身所具有的鲜味为好。香油增香。

（3）风味特点　红油色泽红亮，咸中略甜，兼具香辣。具有咸里微甜、辣中有鲜、鲜上加香的特点。红油味是常用调味之一,四季皆宜。

（4）**注意事项**　若用复制酱油，因其是浓缩产物，应先尝咸味后再决定是否加多少盐。

（5）**具体运用**　红油味浓淡适中，咸甜鲜辣香兼具，一般用于凉拌菜肴。可与其他复合味配合，用于下酒菜肴的佐餐调味。采用调制红油味的菜肴原料本身应具有鲜味，调制效果才好，如红油鸡块、红油肉片、红油皮扎丝、油花红腰、二丝合拌。

5. 蒜泥味的调制（主料500克）

（1）**调味料**　蒜泥25克、酱油2克、精盐2克、辣椒油15克、味精2克、香油5克。

（2）**调制**　将大蒜去皮后洗净，与菜油（或盐）少量舂成茸泥，加酱油（若无复制酱油可将一般酱油加适量白糖）、少许精盐溶化调匀后，再加味精、辣椒油、香油调和均匀即成。调配中应在咸鲜微甜的基础上，突出大蒜辛辣味，并以辣椒油辅助。香油增加香味，味精和味。除重用蒜泥外，盐、味精、酱油组成的咸鲜味亦应浓厚，否则，蒜泥的辛辣令人难以接受。辣椒油与香油也不能过量，以免喧宾夺主。

（3）**风味特点**　蒜香浓郁，咸鲜微辣，回味略甜，是常用复合味之一。

（4）**注意事项**　蒜泥现制现用，用它拌制的菜肴不宜久放，否则不仅失去本身的鲜香味，还会产生一种异味。

（5）**具体运用**　蒜中蒜素不仅具有蒜香味，同时还有去腥解腻杀菌作用，用于凉拌菜肴，如动物内脏、瓜茄类蔬菜等，最宜春夏季调制。但多食对咸鲜味凉拌菜肴有压味的作用。

6. 姜汁味的调制（主料500克）

（1）**调味料**　精盐2克、姜末25克、醋5克、味精2克、香油10克。

（2）**调制**　姜洗净去皮舂成茸或切成极细末，与精盐、醋、味精、香油（或熟菜油）调和即成。在咸味的基础上重用姜、醋，突出其味道。味精增强姜醋的鲜味，缓和姜醋的浓烈味；香油衬托姜醋的浓郁香味；精盐定咸味。组成的姜汁味颜色不宜过浓，以浅黄色为准，不掩盖原料本色。

（3）**风味特点**　姜味突出，咸酸鲜香，清爽解腻，特富清鲜。

（4）**注意事项**　若醋的颜色太深，可加适量的凉鲜汤稀释，使菜肴色泽协调。味精的衬味作用不宜过量。要突出姜与醋的混合味，以清淡，提味见长，具有特殊风味，切忌淡薄无味。

（5）**具体运用**　多用于凉拌菜肴，与其他复合味配合均较相宜，适与怪味、麻辣配合，最好不与糖醋味配合。适于春、夏、秋季下酒菜肴的调味。常用于脆性植物性原料以及动物性原料中的肚、肫，如姜汁豇豆、姜汁肚花等。

7. 椒麻味汁的调制（主料500克）

（1）**调味料**　精盐2克、酱油5克、味精2克、椒麻糊30克、鸡汁15克、香油3克。

（2）**调制**　精盐、味精、鸡汁调为一体，使其咸鲜适口，加椒麻糊调均匀，突出椒麻清香。辅以香油使椒麻增香，但用量要适度，以不压椒麻香味为宜。最后加酱油使椒麻味酥厚，使其颜色呈浅茶色。

（3）**风味特点**　咸麻香鲜，辛香爽口，是常用复合味之一。

（4）**注意事项**　因只用香油滋润感不够，可加熟菜油。酱油决定味汁的清淡浓厚，选用白酱油色泽更佳，精盐定咸味。为使椒麻酥厚，可用70℃~80℃的菜油将椒麻糊烫后再调制。掺一定量的鸡汁，使咸度适中，提高鲜味，并缓和味汁的色泽，不至于过深。

（5）**具体运用**　椒麻味清淡鲜香，味性不烈，刺激较小，与其他复合味配合都适宜，是四季皆宜的复合味，用于凉拌菜肴，不太适于佐餐。最适于禽肉，如椒麻鸡片、椒麻舌掌。

8. 怪味汁的调制（主料500克）

（1）**调味料**　精盐2克、酱油5克、醋5克、辣椒油15克、花椒末5克、芝麻酱15克、熟芝麻5克、香油5克、豆豉15克、味精2克、白糖4克。

（2）**调制**　芝麻酱盛入调味碗中，另将酱油、醋、白糖、精盐充分搅匀溶化、分次加入芝麻酱中使其扩散，再加味精、花椒末、辣椒油、熟芝麻调匀，最后淋入香油。调制中咸味以酱油为主，精盐为辅；芝麻酱表现为香味，香油增加香味浓度；醋、辣椒油、白糖各表现出不同的味，用量应适中。

（3）**风味特点** 咸、甜、酸、辣、鲜、香、麻各味兼具，彼此共存，互不压抑。

（4）**注意事项** 以味的配合上，对其他合味有压味的作用，应注意配合清淡的复合味，不宜与红油、麻辣、酸辣相配合。

（5）**具体运用** 适宜调制本味较鲜的原料，大部分用于动物性原料，特别是鸡、兔肉最适宜，其次是肚丝、肝、酥炸的鲜豆，还有干果类。一般用于下酒菜的调味，是四季皆宜的复合味。

9. **鱼香味汁的调制（主料500克）**

（1）**调味料** 精盐2克、酱油5克、白糖5克、醋5克、泡红辣椒25克、姜末10克、蒜末5克、葱花5克、味精2克、香油5克。

（2）**调制** 酱油、醋、精盐、白糖、味精充分调匀，呈咸酸甜味感觉时，加入蒜末、泡红辣椒末、姜末调和均匀，最后加入香油。以酱油、精盐定咸味，辣味以泡辣椒为主，并起增色、增香的作用。

（3）**风味特点** 色泽红亮，成酸甜辣兼具，姜葱蒜味突出。

（4）**注意事项** 以盐、酱油的比例调节味汁的浓稠度，用于蚕豆的味汁应较浓，用于兔丝则应较稀。选用香葱更能突出香味。此复合味用盐量不能小，因姜葱蒜用量大会减弱咸味，同时需要盐的渗透作用使姜葱蒜的香味渗出；甜酸味也要在咸味的基础上表现出来。

（5）**具体运用** 常用于鸡、鸭、兔、鱼虾、豌豆、蚕豆等原料的调味，如鱼香青丸、鱼香黄瓜、鱼香兔丝等，是菜肴中理想的凉菜味型，四季皆宜。

10. **辣椒油的调制（主料500克）**

（1）**调味料** 辣椒末25克、菜油（或花生油）150克、生姜10克、八角3只、大葱15克、陈皮5克。

（2）**调制** 先将辣椒末、八角装入专用的盛器内，接着将植物油入锅，加入拍破的生姜，旺火加热约在240℃冒青烟时，端锅离火口，下大葱稍炸，拣去姜葱，用炒勺舀油反复冲击辣椒末冲浪，让油烟迅速散尽，待油温降至120℃～130℃时，倒入盛装辣椒末、八角的专用器皿内充分搅匀，晾凉即成。

（3）**风味特点**　辣椒油又称熟油辣椒、红油辣椒等，是菜肴（尤其是凉菜）调味必备的复合调味品，具有色红发亮，香辣味醇厚的特点。

（4）**注意事项**　①油与辣椒的比例：根据辣椒的品种、辣度、色泽确定，保证炼制的辣椒油金红发亮，香辣度适中，一般为（5～8）：1。②辣椒末的选择：应根据需要，选择香辣味兼有的辣椒。以四川二荆条辣椒质量为优；喜辣味的可选用朝天辣椒；喜辣味平缓不燥的以选用良种辣椒最宜。也可用上述各种辣椒按一定比例配合使用。注意辣椒末的粗细应均匀，过粗过细都会影响其质感和香味，呈颗粒状，不完全显籽为最好。③选用油脂及温度：常温下呈液态的植物油都适于，以菜油或大豆油为最好，其次为花生油及其他植物油。熟辣椒末炼制的油温约120℃，生辣椒末约140℃，需要掌握过程中观察辣椒色的变化。

（5）**具体应用**　用途广泛，常用于凉菜、小吃、面食的调味，也用于某些热菜的调味。

11.　**麻辣味汁的调制（1）（主料500克）**

（1）**调味料**　精盐2克、辣椒面15克、郫县豆瓣25克、豆豉10克、味精2克、酱油5克、花椒末3克、蒜苗25克、牛肉末25克、牛肉汤100克。

（2）**调制**　牛肉馅入锅炒香、炒酥，加入豆瓣炒出香味，再加入辣椒末、豆豉，继续炒出辣椒和豆豉的香味，然后掺入牛肉汤，下豆腐（焯水后的）。加精盐烧沸，水淀粉勾芡，收汁亮油后加入味精、酱油、蒜苗，再勾芡收汁浓味起锅装盘后撒花椒末。

（3）**风味特点**　色泽红亮，麻辣咸鲜香兼之，浓厚不烈。

（4）**注意事项**　①烧制的时间不能太久。②可用葱代替蒜苗，略添加蒜瓣，但效果不如蒜苗。③不用花椒末时可用花椒油，其效果当然会受到影响。④掌握好豆瓣和辣椒末的比例，用辣椒末调节辣味的程度。⑤精盐、酱油、豆瓣、豆豉组成的咸味要满足菜肴需要，咸度应使辣椒末、花椒末不致产生空辣空麻，而是麻辣有味。⑥掌握好调味品的投放顺序。⑦最好用牛肉馅及牛肉汤，效果比用肉馅肉汤更佳。

（5）具体应用　冬季最好，夏季调制需麻辣程度适宜、与较清淡的复合味配合，尤其是继麻辣味菜肴之后的一道菜更应注重清淡。

12. 麻辣味汁的调制（2）（主料500克）

（1）调味料　郫县豆瓣25克、干红辣椒段15克、花椒15克、酱油5克、精盐2克、味精2克、白糖5克。

（2）调制　干红辣椒和花椒在油中炸至浅棕红色，捞出剁细。用中火三成油温将豆瓣炒香至油呈红色，放入鲜汤、酱油、味精、精盐，突出咸鲜，开沸后将上浆的原料抖散入汤汁中，煮热后装盘。另烧菜油至六成熟（140～160℃），将剁细的辣椒、花椒撒在盘中菜肴表面，淋上六成热菜油，烫出辣味、麻味及香味，不能烫焦，整盘菜肴以油封面。

（3）注意事项　剁花椒、辣椒为芝麻粒大，不能过大或过小，用量应根据麻辣味的程度掌握。

（4）具体应用　是川菜热菜主要复合味之一。适用各种肉、禽、鱼类菜肴。

13. 家常菜味汁的调制（主料500克）

（1）调味料　郫县豆瓣30克、精盐5克、酱油3克、味精2克、姜10克、蒜苗15克、料酒5克、鲜汤75克、肉末100克、水淀粉50克。

（2）调制　由于烹制方法和菜肴风味的要求不同，形成了常用的两种具体操作方法。第一种是：将混合油烧至六成热，下入原料炒散，加入微量精盐炒匀，至水气快干即将亮油时，加入郫县豆瓣、豆豉（均应剁细）炒香上色，再加适量酱油、姜、葱、蒜苗炒出香味，放入味精翻炒均匀，起锅。第二种是：用三成热油温，将豆瓣炒香至油呈红色，放入姜米和炒酥香的肉末，掺入鲜汤，投入码味后沥干水分的原料，推匀，放入酱油、精盐、味精，烧沸入味，定味后水淀粉勾成糊芡，下入蒜苗，淋上香油推匀起锅。咸味由豆瓣、酱油决定。咸鲜味程度较高，辣味适中，香味好，鲜味足。在咸度允许的范围内，尽量提高咸辣浓度和醇香度，以突出家常味的风味。豆豉增香，蒜苗增香配色。

（3）**风味特点**　色泽红亮，咸鲜微辣，鲜味醇厚。

（4）**注意事项**　豆瓣一定要炒香上色，不能炒焦，出渣取汁时不剁细。蒜苗要炒出香味应使咸、鲜香、辣兼备，否则失去风味。一般肉类菜肴调制此味时多用豆瓣，鱼类菜肴多用泡红辣椒。

（5）**具体应用**　第一种调味方法用于生爆盐煎肉、回锅肉、小煎鸡等的调味，第二种调味方法用于家常海参、家常豆腐、家常魔芋等的调味。还可用于蹄筋、仔鸭、鲜笋、肘子等原料的调味。

14.　**葱姜汁的调制**（主料500克）

（1）**调味料**　葱姜各25克、清汤50克。

（2）**调制**　葱姜拍松，整段放入盒子，加入清汤泡1小时左右捞出即成。

（3）**风味特点**　葱姜汁适宜于拌馅及原料调味和煨制，吃葱姜、不见葱姜。

（4）**注意事项**　此汁现用现做，可在汁中加点料酒，更有风味，若单用葱汁、姜汁，可分开兑制。

（5）**菜品举例**　葱姜基围虾、葱姜鱼片。

15.　**姜味汁的调制**（主料500克）

（1）**调味料**　精盐20克、老姜100克、醋80克、味精15克、香油20克。

（2）**调制**　老姜去皮切末，与盐、醋、味精、香油调匀成味汁，用时淋入原料。

（3）**风味特点**　姜味汁适用于凉菜调味，姜味浓郁咸中带酸，清鲜爽口，风味特殊，宜在夏季和春末秋初调制下酒佳肴。

（4）**注意事项**　姜汁味咸是基础，用姜醋突出风味，味精提鲜，为缓冲姜醋烈味，香油衬托，要求酸而不酷，淡而不薄。

（5）**菜品举例**　温拌香螺、姜汁海螺。

16.　**椒麻汁的调制**（主料500克）

（1）**调味料**　盐5克、酱油3克、椒麻糊50克、味精5克、香油2克、鲜汤60克。

（2）**调制**　将各种调味品充分调和即成。

（3）**风味特点**　椒麻汁略带清香，适用于冷盘菜肴。

（4）**注意事项**　在精盐、酱油、味精所组成的咸鲜味基础上，重用椒麻糊突出椒麻味，辅之香油增香，用量以不压椒麻香味为适。

（5）**菜品举例**　椒麻羊肉片、椒麻肘子。

17. 新怪味汁的调制（主料500克）

（1）**调味料**　花椒油30克、辣椒油40克、芝麻酱70克、豆瓣酱10克、花生酱15克、冷鸡汤25克、熟芝麻20克、腐乳10克、香油10克、冬菜10克、葱粒20克、姜末15克、蒜泥20克、味精3克、豆豉10克、白糖50克、美极鲜酱油20克、醋40克、盐15克、糟蛋粒10克、皮蛋粒10克。

（2）**调制**　将上述原料调匀便成。

（3）**风味特点**　新怪味汁常用于凉菜和热菜的调味，色泽香，味美，风味独特。

（4）**注意事项**　可据食者口味调整比例，如浇汁或蘸食。

（5）**菜品举例**　怪味鸡、鸭等菜肴。

18. 辣根味汁的调制（主料5000克）

（1）**调味料**　净辣根500克、醋精50克、糖120克、盐25克、味精5克，冷开水250克。

（2）**调制**　辣根擦成末，放醋精、盐、糖、冷开水调开，入瓷器中，在5℃左右冷藏保存。

（3）**风味特点**　辣根味汁适宜配凉菜类和油腻较大的肉食类，在中餐冷菜调味中，辛辣利口，酸甜解腻。

（4）**注意事项**　辣根须用优质品加工成末或胶状，醋精是为缓冲辣味，可依口味增减。

（5）**菜品举例**　生鱼片、生涮虾、活食基围虾。

19. 葱油汁的调制（主料500克）

（1）**调味料**　葱50克、花生油40克、盐15克、上汤100克、味精2克、姜30克。

（2）**调制**　姜葱切成末入油锅烹出香味，再加盐、上汤、味精调匀即成。

（3）**风味特点**　葱油汁适用于冷菜的菜肴，风味独特，口味清爽。

（4）**注意事项**　葱姜末大小要切匀，油要烧热，如此才可以炸出香味，也可以适当加蚝油。

（5）**菜品举例**　白斩鸡、羊肉等。

20. 花椒油的调制（主料500克）

（1）**调味料**　清油50克、豆油50克、大葱75克、鲜姜50克、花椒粒10克、八角5克、蒜茸15克。

（2）**调制**　锅中加清油、豆油烧热，将各种原料炸焦后捞出，油凉后即成。

（3）**风味特点**　花椒油适用于炝制冷菜及兑汁用，还可用炒烧等菜肴，麻香芬芳，风味独特。

（4）**注意事项**　以川椒为佳，大料少量，豆油也可用花生油代替。

（5）**菜品举例**　炝椒丝、炝银芽。

21. 葱姜油计的调制（主料500克）

（1）**调味料**　葱白25克、生姜30克、色拉油120克、精盐5克、鸡粉6克、白醋1克、味精5克。

（2）**调制**　生姜去皮洗净，沥尽水分，与葱白混合切成茸，加精盐、鸡精、味精、醋，将烧至6成热的色拉油浇入即成。

（3）**风味特点**　味咸鲜，有浓郁葱姜味。

（4）**菜品举例**　葱姜大蟹、葱姜活虾段。

## 五、酸甜味类调味汁传统的调制

1. 生汁的调制（沙律汁）（主料500克）

（1）**调味料**　鸡蛋黄2只、白糖50克、精盐70克、芥末75克、精制菜油400克、醋精15克、鲜牛奶125克、瓶装柠檬汁65克、柠檬型香精3克。

（2）**调制**　先把蛋黄、白糖、精盐、芥末调成稀糊状，再加入菜油、鲜牛奶，边放原料边搅拌，最后加醋精、柠檬汁和柠檬型香精调匀，搅拌至凝结呈较浓的糊状即成。

（3）**风味特点** 色泽淡黄，具有蛋香气，味微酸带辣，它是从西餐的万尼汁演化而成。

（4）**注意事项** 搅拌的速度要均匀，按顺序加调味料。

（5）**菜品举例** 生汁大虾、沙拉焗大蟹。

2．西汁的调制（1）（主料5000克）

（1）**调味料** 番茄500克、红萝卜250克、马铃薯250克、芹菜200克、圆葱200克、干葱头1.25克、京葱125克、芫荽100克、橙汁30克、果汁200克、茄汁500克、骨头汤100克、白糖16克、沸水200克、精盐5克、花生油25克、蒜头25克。

（2）**调制** 把番茄、红萝卜、马铃薯、芹菜、洋葱、干葱头、生葱、蒜头切碎，把锅烧红，下花生油，放入番茄、红萝卜、马铃薯、芹菜炒透，然后把炒好的原料放进瓦煲中，加入肉骨头汤，芫荽、干葱、生葱、蒜头、沸水同煮，小火慢熬至剩下汁液800克，把汁液过滤，液中加入精盐、白糖、橙汁、果汁和茄汁调匀，然后加进橙红色素，拌匀即成。

（3）**风味特点** 色泽棕红，味鲜甜，微酸，气味浓郁清香。

（4）**注意事项** 火候宜小不宜大。

（5）**菜品举例** 西汁牛扒、西汁鱼排。

3．西汁的调制（2）（主料5000克）

（1）**调味料** 洋葱300克、西芹300克、香芹300克、红辣椒50克、八角25克、草果25克、红萝卜300克、清水2千克、番茄汁1.5千克、橙汁200克、OK汁2克、精盐10克、白糖200克、白酒150克、美极酱油150克。

（2）**调制** 将洋葱、西芹、香芹、红辣椒、八角、草果、红萝卜和清汤煮至1千克后去渣，在制得的汤中加茄汁、OK汁、橙汁、白酒、白糖、精盐、美极酱油再煮至白糖完全溶解，调入食用色素即成。

（3）**风味特点** 酸甜适口，味浓别样。

（4）注意事项　火候不宜大宜小。

（5）菜品举例　西汁乳鸽、西汁肉排。

4. 西汁的调制（3）（主料5000克）

（1）调味料　洋葱300克、香芹300克、番茄300克、红萝卜300克、红辣椒50克、香叶25克、八角25克、桂皮25克、清水2千克、茄汁8克、OK汁9克、橙汁6克、浙醋3克、白糖150克、精盐75克。

（2）调制　将洋葱、香芹、番茄、红萝卜和清水、红辣椒、香叶、八角、桂皮等共煮，煮至1千克时去渣，在制得的汤中，加入茄汁、橙汁、浙醋、白糖及精盐再煮至白糖完全溶解便成。

（3）风味特点　色泽红亮，酸甜适宜。

（4）注意事项　熬煮调料时火宜小不宜大。

（5）菜品举例　西汁牛排、西汁大虾、西汁大蟹、西汁牛蛙。

5. 牛柳汁的调制（主料5000克）

（1）调味料　番茄750克、西芹300克、洋葱300克、红萝卜150克、洋荽150克、香叶10克、八角5粒、桂皮50克、清水700克、番茄沙司250克、OK汁50克、橙汁100克、白糖100克、精盐50克、罐头牛尾汤150克、白酒100克。

（2）调制　用番茄、西芹、洋葱、红萝卜、芫荽、香叶、八角、桂皮和清水，慢火熬1小时，去渣，制得底汤。取底汤1.25千克，加入番茄沙司，OK汁、橙汁、白糖、精盐、牛尾汤及白酒煮至白糖溶解后调入食用色素便成。

（3）风味特点　味香浓，适于制作煎牛柳、煎牛扒、煎虾和煎鸡脯等菜品。

（4）注意事项　熬汁时切勿火急，过滤时要过滤两遍。

（5）菜品举例　铁板香牛柳。

6. 柠檬汁的调制（1）（主料5000克）

（1）调味料　浓缩橙汁200克、鲜橙2个，白醋50克、白糖250克、青柠100克、清水450克。

（2）调制　鲜橙汁加入各种原料煮至溶解，调匀便成。

7. 柠檬汁的调制（2）（主料5000克）

（1）调味料　橙汁500克、白醋100克、白糖300克、低度酒2羹匙、精盐6克、吉士粉25克。

（2）调制　鲜橙汁，加入各种原料煮至溶解。

（3）风味特点　色泽金黄，具鲜橙香味。

（4）注意事项　以该汁调芡时，应用吉士粉作芡粉，芡汁不应太厚、太稀。

（5）菜品举例　柠檬鸡脯、柠檬鸭条。

8. 荔枝味汁的调制（主料500克）

（1）调味料　精盐2克、酱油10克、白糖50克、醋100克、料酒2克、姜15克、葱15克、蒜15克、泡辣椒10克。

（2）调制　调味原料和调制方法基本相同于糖醋味，只在甜酸味程度有区别，糖醋味进口就明显地感觉到甜酸味，咸味在回口时表现出来，而荔枝味的甜酸味和咸味并重，在食用时同时表现，但甜酸味的程度较糖醋味淡一些，咸味又比其重一些。另外，荔枝味是先酸后甜的味道过程，糖醋味是先甜后酸的味道过程。荔枝味清淡而鲜美，能和味解腻，可与其他复合味配合，四季均宜。在实际运用中根据菜肴要求，可适当调整甜酸味的程度，可重可轻，但都属于荔枝味的范围。

（3）风味特点　酸甜适口，微咸，呈荔枝味感。

9. 茄汁的调制（主料5000克）

（1）调味料　鲜番茄500克、酸梅100克、盐4克、糖150克、柠檬4个。

（2）调制　鲜番茄去皮、去籽，酸梅去核，柠檬去皮去核，上述材料加适量水煮沸，慢火熬制去渣，加其他调料搅匀即成。

（3）注意事项　番茄要新鲜、无腐烂。熬制时，火宜小，不宜大。

（4）风味特点　色艳味浓、甜中带酸。

（5）菜品举例　茄汁鱼条、茄汁鸡脯、茄汁牛柳。

10. 果汁的调制（主料5000克）

（1）调味料　茄汁1500克、橙汁500克、骨汤500克、白糖100克、盐10克。

（2）调制　将各种味料混合煮沸调匀即成。

（3）风味特点　色泽红亮，果味浓香，甜中带酸。

（4）菜品举例　果汁鱼、果汁肉、果汁鸡脯。

11. 糖醋汁的调制（1）（主料5000克）

（1）调味料　白糖200克、冰糖300克、盐10克、橙汁35克、茄汁50克。

（2）调制　将各种原料混合加热至糖溶化后调匀即可。

（3）风味特点　色泽鲜艳，酸甜适口。

12. 糖醋汁的调制（2）

（1）调味料　白醋150克、茄汁50克、酸梅40克、糖100克、柠檬汁50克、盐45克、山楂片60克、OK汁75克。

（2）调制　将各种原料混合加热，至糖盐溶化后加入色素即可。

（3）风味特点　色红味浓，酸中带甜。

（4）注意事项　根据食客口味可增减各调味料，但色泽要适中。

（5）菜品举例　糖醋鱼、糖醋里脊。

13. 糖醋汁的调制（3）（主料5000克）

（1）调味料　白糖150克、糖50克、茄汁100克、OK汁50克、橙汁30克、精盐6克、酸梅30克、西柠2个。

（2）调制　把西柠榨汁过滤和其他原料混合加热至糖盐溶化即可。

（3）风味特点　甜酸适中，味中有味。

（4）注意事项　加热熬制时火力不宜大。颜色不够可加少量的橙红色素。

（5）菜品举例　糖醋金毛狮子鱼、糖醋鱼条。

14. 糖醋汁的调制（4）（主料5000克）

（1）调味料　白醋150克、糖30克、番茄酱50克、辣酱油50克、精盐6克、蒜泥15克、清汤500克、色拉油50克。

（2）调制　将以上调味料加热熬化即成。

（3）风味特点　酸甜适中，回味无穷。

（4）注意事项　炒制时，火不宜大。颜色不够，可调入些食用色素。

（5）菜品举例　糖醋咕噜肉、糖醋里脊。

15. 糖醋汁的调制（5）（主料5000克）

（1）调味料　红醋500克、糖500克、酱油30克、盐20克、葱10克、姜10克、蒜15克、清汤100克、水淀粉20克。

（2）调制　将以上原料加热调匀即成。

（3）风味特点　先酸后甜、以甜收口。

（4）注意事项　勾芡不要太浓，必须热油。汁子全爆起喷香为佳。

（5）菜品举例　糖醋黄河大鲤鱼、糖醋虾花。

### 六、香甜味类调味汁的调制

1. 桂花汁的调制（主料5000克）

（1）调味料　桂花酱300克、米酒50克、糖50克、盐15克、生抽25克、辣酱油25克。

（2）调制　将各种调料调匀即成。

（3）风味特点　桂花汁适宜于烧、焖。桂花香独特，甜咸适中。

（4）注意事项　将桂花酱用米酒调开，再加其他调料，突出桂花香味，生抽、辣酱油不宜多用。

（5）菜品举例　桂花牛柳、桂花肋排、桂花铁雀、桂花鸡饼。

2. 玫瑰酱汁的调制（主料5000克）

（1）调味料　玫瑰酱200克、糖100克、盐2克、茄汁25克。

（2）调制　将以上调料搅匀即成。

（3）风味特点　玫瑰酱汁适用于甜菜、糕点，香气迷人，诱人食欲。

（4）注意事项　可依口味适当增加甜味，也可将搅匀的调味汁�一下。

（5）菜品举例　玫瑰汁豆腐、玫瑰汁鸡腿。

3. 混合梅子汁的调制（主料5000克）

（1）调味料　梅子肉500克、白糖50克、柱侯酱100克、麻酱50克、蒜茸25克、五香粉20克、米酒50克、白醋150克、鲜汤100克。

（2）调制　将以上调料搅匀煮溶即成。

（3）风味特点　此酱汁适宜于煎、炸、扒等菜肴，也可做煲仔类菜肴。

（4）注意事项　掌握用料比例，酱类调开，逐步加入各种调料。

（5）菜品举例　梅子烧鹅、梅子香肚。

4. 方便甜酸汁的调制（主料5000克）

（1）调味料　番茄酱100克、白糖50克、葱25克、姜25克、蒜25克、食醋50克。

（2）调制　将以上调味料搅匀，入净勺内加热至沸即成。

（3）风味特点　甜酸汁以番茄酱为主料，以各种调料调配而成，用以蘸食春卷、排骨别有风味。

（4）注意事项　火宜小不宜大。

（5）菜品举例　甜酸草鱼、甜酸羊排。

5. 复合橙汁的调制（主料500克）

（1）调味料　浓缩橙汁100克、姜汁酒50克、白醋25克、白糖75克、奶油香精3克。

（2）调制　将橙汁、姜汁酒、白醋、白糖、香精一起放入容器内，调匀即可。

（3）菜品举例　主要用于炸熘或炸烹的排骨、牛仔骨、鱼等。

6. 复合提子汁的调制（主料5000克）

（1）调味料　瓶装提子汁（葡萄汁）100克、红葡萄酒50克、白醋25克、白糖75克、蜂蜜25克。

（2）调制　将提子汁、葡萄酒、白醋、白糖、蜂蜜一起放入容器内，调匀即可。

（3）菜品举例　主要用于炸煎类菜肴的蘸食，如提汁鱼排、提汁田鸡腿。

7. 辣甜沙司的调制（1）（主料5000克）

（1）调味料　番茄沙司250克、白糖25克、香油25克、花雕酒25克、海椒油150克、精盐2克。

（2）调制 将番茄沙司、白糖、香油、花雕酒、海椒油、精盐一起放于瓷盅内，调匀即可。

（3）风味特点 成品色泽鲜红、透明、酸甜、香辣。

（4）菜品举例 主要适宜于煎、炸、烤等菜肴的蘸食，如沙司鸡条、沙司鸭脯。

8. 辣甜沙司的调制（2）（主料500克）

（1）调味料 番茄沙司100克、辣椒面15克、胡椒面5克、白糖25克、蒜仁3瓣、精盐20克，香油25克、辣椒油70克。

（2）调制 蒜仁洗净，入钵捣成泥，加番茄沙司、白糖、精盐、辣椒面、辣椒油、香油调匀即成。

（3）口味特点 色泽红亮，香辣微甜。

（4）菜品举例 辣甜鱼条、辣甜豆腐角。

9. 果奶露汁的调制（主料500克）

（1）调味料 什锦果酱75克、奶油50克、炼乳50克、番茄沙司25克、花生酱25克、卡夫奇妙酱25克、果酒50克、白糖30克、白醋15克、辣椒汁5克、精盐2克、香油5克、洋葱泥20克。

（2）调制 洋葱泥、奶油、炼乳、果酱装盘，加入果酒、白醋、辣椒汁调匀后，再加入番茄沙司、花生酱、卡夫奇沙酱、白糖、精盐，调和即成。

（3）口味特点 奶香果味浓。

（4）菜品举例 奶果鸡卷、果奶山鸡片。

## 七、港式冷菜复合味调味汁的调制

1. 麻酱料汁的调制（主料500克）

（1）调味料 芝麻酱100克、冷开水50克、香油20克、花椒油10克、虾油10克、生抽20克、红辣椒油10克、味精2克、香菜末15克、葱末20克。

（2）调制 将芝麻酱、冷开水调匀成浆状；将香油放锅中烧热，倒入芝麻酱糊中，加虾油、生抽、红辣椒油、味精、香菜末、葱末、花椒油调匀即成。

（3）**风味特点**　色呈淡红褐色，香味浓郁、鲜咸微辣，口感黏滑厚醇。麻酱汁是夏季的最佳调味汁，可用于肉、禽、蔬菜等。

（4）**菜品举例**　麻酱肘子、麻酱鸡块、麻酱茄子。

2. **沙茶甜酱汁的调制**（主料500克）

（1）**调味料**　生抽100克、白糖50克、辣酱油25克、椒盐5克、熟花生米15克、沙茶酱30克、红辣椒油5克、鸡精5克、味精3克。

（2）**调制**　生抽、白糖烧热调匀成复合味汁；另将椒盐、熟花生米碾成粉末状；再加沙茶酱、红辣椒油、鸡精、味精及上述复合调味汁调匀即成。

（3）**风味特点**　色呈淡红，香甜鲜咸，回味微辣，口感鲜美。

（4）**注意事项**　椒盐、花生米不可炒糊；本汁可浇原料上，又可蘸食。

（5）**菜品举例**　沙茶鸭方、沙茶皮冻、沙茶瓜条、沙茶牛肉。

3. **豆瓣辣酱汁的调制**（主料500克）

（1）**调味料**　花椒50克、干辣椒碎20克、熟花生油50克、香油50克、豆瓣辣酱25克、生抽15克、黄酒5克、味精5克。

（2）**调制**　先将花椒、干辣椒碎入锅用微火翻炒，至辣椒酥脆时，盛出碾成双椒面，再加熟花生油拌匀成双椒油。另将香油烧热加豆瓣辣酱煸香，再加生抽、黄酒、味精，倒入双椒油调匀即成。

（3）**风味特点**　色泽红亮，鲜咸带辣，刺激性强，椒香、油香、酱香浑为一体，开胃消食，齿颊留香。

（4）**菜品举例**　豆瓣凉粉、豆瓣豆花、豆瓣鱼脯、豆瓣兔肉。

4. **鱼露虾油汁的调制**（主料500克）

（1）**调味料**　肉汁汤100克、鱼露虾油50克、生抽25克、黄酒15克、香油20克、芫荽籽粉5克、白胡椒粉5克、鸡精2克、味精5克。

（2）**调制**　将肉汁汤、鱼露虾油、生抽、黄酒、香油调匀；再将芫荽籽粉、白胡椒粉、鸡精、味精调匀；最后将上述两种混合物调匀而成。

（3）**风味特点**　色呈淡红，半透明，香醇清淡，能衬托主料的自然鲜味。

（4）**菜品举例**　虾油拌三丝、虾油炝腐丁、虾油浸腐干、虾油渍香菇。

5. 虾子油汁的调制（主料500克）

（1）调味料 虾子酱油150克、肉汁汤40克、香油25克、姜末10克、黄酒5克、鸡精5克、味精2克。

（2）调制 虾子酱油、肉汁汤、香油混合一起调匀；姜末加黄酒、鸡精、味精混匀；将上述两种混合物调匀即成。

（3）风味特点 色呈现淡红，虾鲜浓醇，香咸清淡，能衬托主料自然滋味。

（4）菜品举例 虾子豆腐、虾子三丝腐皮卷、虾子蘸薯仔、虾子时蔬。

6. 蚝油鲜汁的调制（主料500克）

（1）调味料 蚝油100克、生抽25克、葱末5克、姜末5克、香菜末5克、白糖5克、黄酒10克、肉汁汤30克、鸡精1克、味精1克。

（2）调制 所有调味料调匀即成。

（3）风味特点 色呈淡红，漂浮绿黄二色，鲜咸去甜，能弥补主料滋味的不足。

（4）菜品举例 蚝油肚夹、蚝油茄条、蚝油鸡抛豆腐。

7. 三合油的调制（主料500克）

（1）调味料 米醋50克、生抽50克、香油5克、肉汁汤50克、蒜泥10克、香葱5克、味精2克。

（2）制作 将上述调味料一起放入容器中调匀即可拌入冷菜中，或分装小碟供佐食冷菜。

（3）风味特点 色泽酱红，味香咸酸微辣，能对原料吊鲜助味。

（4）菜品举例 拌黄瓜、拌菜花、拌头耳。

8. 香醋甜姜汁的调制（主料500克）

（1）调味料 香醋100克、白糖25克、姜末20克、鸡精5克、细盐5克。

（2）调制 上述调味料调匀即成。

（3）风味特点 色泽殷红，味酸甜微辣，杀腥助鲜，具有很好的调味效果。

（4）菜品举例 姜汁海蟹、香醋原蛤。

9. 香油蒜泥汁的调制（主料500克）

（1）调味料　香油50克、蒜泥75克、生抽50克、肉汁汤100克、细盐5克、味精3克。

（2）调制　用香油煸炒蒜泥，煸至蒜泥呈黄色，加生抽、肉汁汤，晾凉；加细盐和味精调匀后即成。

（3）风味特点　色泽淡红，浓香扑鼻，味咸鲜辣，爽口不腻。

（4）菜品举例　蒜泥茄子、蒜泥黄瓜、蒜泥肉卷、蒜泥肘花。

10. 辣酱油蒜汁的调制（主料500克）

（1）调味料　香油75克、蒜泥50克、黄酒25克、辣酱油50克、白糖5克、胡椒粉2克。

（2）调制　香油、蒜泥一起放入锅中煸香至黄，稍凉，加入黄酒、辣酱油、白糖、胡椒粉调匀即成。

（3）风味特点　色泽淡，味香辣咸甜，能丰富菜肴原料的滋味层次。

（4）菜品举例　辣酱蒜汁茄饼、辣酱蒜汁海蚬、辣酱蒜汁海螺。

11. 甜面酱油汁的调制（主料500克）

（1）调味料　甜面酱100克、香油100克、白糖25克、肉汁汤50克、细盐5克、味精5克。

（2）调制　先将甜面酱、香油一起熬至香味散出，稍晾，再加白糖、肉汁汤、细盐、味精，调至细腻黏稠即可。

（3）风味特点　色呈现酱红，味香甜鲜咸，此味料黏稠细腻，浓厚而不腻口。

（4）菜品举例　面酱蔬、生菜面酱、面酱白肉、面酱肥肠。

12. 椒麻葱酱汁的调制（主料500克）

（1）调味料　香葱100克、花椒25克、细盐5克、酱油5克、香油5克、肉汁汤50克、鸡精5克、味精5克。

（2）调制　将香葱、花椒、细盐一起剁成糊状成椒麻糊；将糊里加酱油、香油、肉汁汤、鸡精、味精，调匀即成。

（3）风味特点 色泽清淡，香味浓郁，鲜咸爽口，食后满嘴余香。

（4）菜品举例 椒麻肚片、椒麻鸡、椒麻鱼丁。

13. 鲜菇红酒汁的调制（主料500克）

（1）调味料 鲜蘑菇100克、胡萝卜20克、洋葱头15克、大蒜10克、花生油25克、红葡萄酒100克、辣酱油25克、番茄汁20克、胡椒粉5克、精盐2克、白砂糖5克。

（2）调制 先将鲜蘑菇斩成碎粒，再将胡萝卜、洋葱头和大蒜均斩成泥；花生油放入净锅中烧热，投入胡萝卜、洋葱头和蒜泥煸香(防止煸焦)；再放入鲜蘑菇粒炒匀；接着放红葡萄酒、辣酱油、番茄汁、胡椒粉、精盐、白砂糖，以大火略微烧10分钟左右即成。

（3）风味特点 色泽玫瑰红，酒香、调料香诱人，味鲜香微酸辣，滋味醇和，适应禽肉类及内脏原料拌食和蘸食。

（4）菜品举例 鲜菇酒香肚、鲜菇酒香鸡块、鲜菇酒香肘花。

14. 番茄香葱汁的调制（主料500克）

（1）调味料 鲜番茄汁100克、洋葱50克、大蒜头15克、鲜姜10克、泡红椒5克、香菜50克、精盐5克、白糖5克、镇江香醋50克、味精5克、胡椒粉8克。

（2）调制 先将鲜番茄去皮去籽同洋葱、大蒜头、鲜姜、泡红椒、香菜剁成细茸(或用搅拌机绞成泥)；接着加入精盐、白糖、镇江香醋、味精、胡椒粉调匀成薄糊状即成。

（3）风味特点 酸香、酸辣，微带鲜咸，色泽暗红，适用于拌、涮菜及生食鲜虾、鱼、蔬菜。

（4）注意事项 若事先调好，应加盖，置于冷藏室内，随用随取，存放不可超过2天。

（5）菜品举例 茄汁醋香藕、茄汁醋香肠、茄汁醋香蛎虾。

15. 薄荷酸辣料汁的调制主料（主料500克）

（1）调味料 薄荷嫩叶150克、洋葱15克、泡红辣椒10克、香醋45克、味精5克、鸡精3克、胡椒粉5克、凉开水50克。

（2）调制　先将薄荷嫩叶洗净切碎成细粒；洋葱、泡红辣椒磨成细末；上述调料加入香醋、味精、鸡精、胡椒粉、凉开水一起调和均匀成薄糊状即成。

（3）风味特点　色泽翠绿，口感清凉，酸辣鲜咸，兼有清香，解暑开胃，适宜凉拌荤素菜肴及凉拌面。

（4）注意事项　一般置于有盖容器中冷藏，可保鲜2天。

（5）菜品举例　薄荷酸辣肚丝、薄荷酸辣菜花、薄荷酸辣豆腐丁。

16. 熟蛋黄油酱料汁的调制（主料500克）

（1）调味料　熟鸡蛋黄50克、色拉油25克、芥末酱50克、白醋100克、白糖20克、精盐10克、鸡精7克、白胡椒粉4克、凉开水50克、白脱油25克。

（2）制作　取熟鸡蛋黄，用刀压成细末，加入调好的芥末酱、色拉油调匀；再加白醋、精盐、鸡精、白糖、白胡椒粉搅匀；将白脱油放净锅内烧溶，加凉开水用力搅匀，成为熟蛋黄油酱料。

（3）菜品举例　蛋油什锦、蛋油生鱼片、蛋油萝卜、蛋油香芹。

17. 西柠葡汁的调制（主料500克）

（1）调味料　大蒜头50克、鲜姜35克、葡萄干80克、红葡萄酒75克、西柠檬汁125克、鸡精20克、精盐5克。

（2）调制　将大蒜头、鲜姜、葡萄干、红葡萄酒都放入粉碎机粉碎，使呈酱状；再调入西柠檬汁、鸡精、精盐，调匀成汁即可。

（3）注意事项　调制后加盖放置冷藏，可用1～2天。

（4）菜品举例　西柠葡汁藕片、西柠葡汁鸡丁、西柠葡汁豆腐。

18. 粉红奶油料汁的调制（主料500克）

（1）调味料　白脱油75克、面粉50克、鸡汤150克、鲜奶油50克、三花淡奶50克、红辣椒碎2克、柠檬汁15克、鸡精15克、精盐7克。

（2）调制　先将白脱油放在净锅中烧热，放入面粉炒至浓香成为油面备用；将鸡汤放入净锅中烧开，加入鲜奶油、三花淡奶、红辣椒碎调匀；再将炒香的油面投入搅散，使汤、奶、油产生黏稠效果，加入柠檬汁、鸡精、精盐，搅匀成薄糊状即成。

（3）菜品举例　粉奶汁生鱼片、粉奶汁煎生蚝、粉奶汁基围虾。

19. 火锅酱乳料汁的调制（主料5000克）

（1）调味料　植物油500克、洋葱150克、南乳汁350克、香油100克、二汤250克、花生酱400克、芝麻酱200克、鲜豆酱400克、油咖喱120克、沙茶酱320克、红辣椒油100克、生姜粉25克、芫荽籽粉25克、白糖125克、鸡精50克、上汤1000克。

（2）调制　先将洋葱放入植物油中熬熟，捞除焦葱，待凉，植物油放入容器中；另将南乳汁、香油、二汤、花生酱、芝麻酱一起调匀，再倒入植物油容器中；然后把海鲜酱、油咖喱、沙茶酱、红辣椒油、生姜粉、芫荽籽粉、白糖、鸡精、上汤逐一放入植物油容器中调拌均匀，再放入香菜末搅匀，即成火锅酱乳料。

（3）菜品举例　入生涮锅、海螺涮锅。

## 八、复合味调味汁的调制

1. 鲜皇汁的调制（主料5000克）

（1）调味料　虾油卤75克、李派林喼汁110克、生抽130克、鱼露60克、上等黄酒40克、小磨香油20克、鲜汤90克、葱丝35克、姜丝35克、大蒜头丝35克、泡椒丝20克、精盐3克、黑胡椒粉10克、味精10克、香菜末15克。

（2）调制　把以上所有原料一起放在不锈钢容器里调匀即成。

（3）风味特点　清香味突出，色泽淡褐红，轻甜微辣，适于清蒸类、白灼类、白煮类菜肴。

（4）菜品举例　白灼海螺、白灼鹰爪虾、清蒸鲥鱼、清蒸草鱼。

2. 美极蒜姜汁的调制（主料500克）

（1）调味料　嫩姜75克、蒜子75克、鲜鸡汤185克、味精15克、白醋5克、红辣油5克、精盐6克、美极鲜酱油20克。

（2）调制　把姜、蒜片和味精、美极鲜酱油、精盐、鲜汤调匀后，倒入白醋，再倒入红辣油即可。

（3）**风味特点** 蒜香鲜明，能去腥，成鲜微酸，带有柔和的姜辣味，色泽淡红，略有红色油花。

（4）**菜品举例** 美极海螺、美极蒜汁文蛤、美极蒜姜大虾。

3. 豉蚝汁的调制（主料5000克）

（1）**调味料** 豆豉（斩泥）300克、蚝油110克、大蒜末95克、泡红辣椒末75克、陈皮末40克、上等黄酒50克、老抽165克、红葡萄酒50克、白糖75克、生抽110克、鲜汤120克。

（2）**调制** 先用75克生油熬热、放入蒜末、豆豉泥、陈皮末、泡红辣椒末煸香；加鲜汤、黄酒、老抽、白糖、蚝油、味精，烧开离火，待冷却，再加红葡萄酒，成为混汁；把所需的要拌渍的原料放入拌和，上笼蒸熟；然后把泡红椒丝、姜丝放在原料上，另将余下生油熬热，冒青烟，趁热浇在原料表面的泡椒丝和姜丝上。

（3）**风味特点** 豉香突出，豉、蚝鲜味鲜明，色泽淡黑，鲜咸和醇，微有回味之轻辣。

（4）**菜品举例** 豉蚝蒸河鳗、豉蚝水鱼煲。

4. 西柠汁的调制（主料5000克）

（1）**调味料** 白醋500克、白糖700克、瓶装西柠汁300克（或用新柠檬榨原汁代替）、细盐适量、吉士粉50克（掺入水淀粉中勾芡用，增加卤汁的黄色和特殊香味）。

（2）**调制** 把白醋放入锅中加热，同时加糖使之溶化，再加盐和西柠汁，烧至将沸时，把掺有吉士粉的水淀粉淋入卤汁中搅匀，使卤汁略微稠黏如粥汤般即可，淋浇在炸煎菜肴上。

（3）**风味特点** 具有柠檬特有的酸香、果香，以及奶油般甜香，特别诱人食欲，甜酸适口，微带咸鲜，色泽嫩黄鲜艳，卤汁略微稠黏，使菜肴滋味浓郁。

（4）**菜品举例** 西柠煎软鸡、西柠煎软鸭、西柠熘魔芋。

5．黑椒汁的调制（主料5000克）

（1）**调味料**　洋葱粉15克、西芹末110克、大蒜末40克、黑椒粉150克、番茄汁130克、OK汁75克、蚝油56克、生油110克、精盐15克、白糖150克、味精20克、鸡精12克、鲜汤450克。

（2）**调制**　先将生油加热，放入洋葱末、西芹末、大蒜末煸；再加入黑椒粉，然后加入鲜汤；再把剩下的调味料一起加入，煮至成薄糊酱而成。

（3）**风味特点**　香味浓郁，辣味和醇，鲜咸微甜酸，稠黏如酱，色泽深红。

（4）**菜品举例**　黑椒大虾、黑椒焗肉排、黑椒牛柳、黑椒乳鸽。

6．沙嗲酱汁的调制（主料5000克）

（1）**调味料**　马来西亚沙嗲酱240克、花生酱60克、南乳25克、茄汁30克、碎虾米25克、蒜茸20克、干葱5克、辣椒末4克、五香粉2克、椰汁90克、三花鲜奶90克、水120克、白糖260克、鸡精15克、生油26克、生抽15克。

（2）**调制**　将生油熬热，把葱花、蒜茸、辣椒末煸至香，加水和糖使之溶化。另将花生酱用水调匀至薄糊，与沙嗲酱一起加入锅中调匀。再加入所有的调味品调和成薄酱即成。

（3）**风味特点**　既有酱香，又有椰香、奶香和多种调味香，诸香缤纷，鲜咸微甜，回味轻辣，滋味丰富。

（4）**菜品举例**　沙嗲牛排、沙嗲煎鱼柳、沙嗲焗蟹、沙嗲焗鸡块。

7．牛柳汁的调制（主料5000克）

（1）**调味料**　桂皮110克、洋葱300克、泡红椒110克、八角20克、鲜番茄2只、国光苹果2只、芫荽（香菜）75克、水450克、OK汁340克、番茄汁250克、美极酱油75克、李派林喼汁约600克、白糖1200克、精盐45克、味精40克。

（2）**调制**　先将桂皮、洋葱（切块）、泡红辣椒、八角、鲜番茄、苹果（切碎）、芫荽放入清水中煮开，以小火继续煮45分钟左右，至香味熬出。将锅内料渣捞净，再加入所有其他调味料，调匀即成。

（3）**风味特点**　鲜咸而带酸甜，香味丰富醇厚，回味轻辣，色泽淡茄红。

（4）菜品举例　香煎牛柳、铁板牛柳、干煎虾饼、干烧虾碌。

8. 鱼露汁的调制（主料5000克）

（1）调味料　鱼露150克、生抽100克、花雕酒30克、美极鲜酱油60克、凉开水300克、白糖260克、味精10克、鸡精20克、葱丝50克、姜丝35克、蒜丝35克。

（2）调制　把所有的调味料和水一起调匀即成。把葱丝、姜丝、蒜丝各放一碟，随客人自选。

（3）风味特点　淡红色，缀以葱、姜、蒜三色细丝，味极鲜美，略有咸味，回味醇和，是白煮、白氽，清蒸的最佳蘸料。

（4）菜品举例　白灼香螺，白灼基围虾，氽西施舌，清蒸鱼。

9. 豉香汁的调制（主料5000克）

（1）调味料　豆豉（斩末）300克、蒜泥110克、姜末93克、鲜汤1200克、老抽150克、白糖75克、鸡精8克、味精4克、黑胡椒粉4克、洋葱油20克、香菜末200克、淀粉20克、植物油20克。

（2）调制　先将植物油烧热，煸炒豆豉末、蒜泥至香，再放入鲜汤和姜末。然后加入老抽、白砂糖、味精、黑胡椒粉，烧开即勾芡，使卤汁略有黏性，再撒入香菜末，淋入洋葱油即可。

（3）风味特点　色淡黑，缀以姜米、香菜末，豉香、洋葱香、清香扑鼻，味鲜咸和醇，回味微辣，适宜豉香类菜品如海产品、肉类均可。

（4）菜品举例　豉香美味鸡、豉香文蛤、豉香牛仔粒、豉香鸽松。

10. 柱候酱卤汁的调制（主料5000克）

（1）调味料　磨豉酱300克、芝麻酱350克、南乳300克、白糖120克、蒜泥100克、葱末150克、陈皮细末375克、鸡精25克、玉桂糖260克、鲜汤1200克。

（2）调制　先把芝麻酱用鲜汤化开成薄酱，南乳捏碎成细泥，白糖用热汤溶化。然后把所有的调味料全部调匀即成。

（3）风味特点　色酱红，滋味浓香，鲜咸带甜，黏稠滑口，适宜肉类、禽类、海河产品。

（4）菜品举例　柱候扒大鸭、柱候乳鸽、柱候牛腩、柱候白鳝、柱候明炉鸭。

11．果汁的调制（主料5000克）

（1）调味料　茄汁500克、喼汁500克、白糖100克、味精10克、鸡精5克、精盐1.6克、淡汤500克。

（2）调制　将上述调料和汤水在锅中搅匀，烧开，使充分溶解调和后即成果汁。

（3）风味特点　色泽暗红，酸香诱人，鲜甜咸醇，开胃可口，适宜肉类、鸡鸭鱼类。

（4）菜品举例　果汁煎软鸭、果汁煎猪排、果汁煎肉脯、果汁炸鱼块。

12．海鲜豉油汁的调制（主料5000克）

（1）调味料　特级生抽650克、鲮鱼骨500克、香菜100克、味精120克、白糖60克、白胡椒粉12克。

（2）调制　将香菜、鲮鱼骨一起放在盛有1500克清水的沙锅里烧开，去浮沫，改用小火慢炖，使鱼骨、香菜中有效的鲜味成分溶解于水中，约得1200克鲜鱼汤（应隔渣取汁）。净汤加入生抽、味精、白糖、白胡椒糖调匀即成。

（3）风味特点　色泽清淡，海鱼鲜味突出。

（4）菜品举例　作为蒸氽海鲜类菜式时淋浇于菜肴表面的味料，如香茜氽蛤蜊、香茜西施舌、软蒸鳜鱼、清鲈鱼。

13．京都骨汁的调制（主料5000克）

（1）调味料　洋葱50克、胡萝卜60克，鲜番茄75克、浙醋500克、白糖350克、OK汁25克、美极酱油40克、精盐45克、李派林喼汁50克。

（2）调制　先将洋葱、胡萝卜、番茄切成薄片。然后放在250克水中烧煮半小时，使其有效鲜味溶解于水中，成为香料汁。将上汁过滤，将白糖加入溶化，离火稍晾，加入浙醋、OK汁、美极酱油、精盐、李派林喼汁，调匀即成。

（3）风味特点　色泽玫瑰红，洋葱、胡萝卜等香料和OK汁、噎汁、浙醋组合成内涵极为丰富之酸香味。酸甜浓郁，回味鲜咸。

（4）菜品举例　京都焗猪排、京都焗羊排、京都焗鹌鹑、京都煎鸡脯。

14. 新川味酱调制（主料500克）

（1）调味料　大厨辣酱10克、番茄酱30克、红泡椒末20克、白糖5克、李派林噎汁30克、花生酱20克、鲜汤75克、干葱末250克、大蒜茸120克、鸡精25克。

（2）调制　先将花生酱用鲜汤、噎汁调稀调匀，再将所有的调味料全部调和均匀即成。

（3）风味特点　色泽玫瑰红，滋味香辣咸鲜，微酸甜，适宜滑炒、煎、脆、熘烹调方法制作的禽畜、鱼虾类菜品。

（4）菜品举例　川汁牛蛙、川汁软煎鱼、川汁烹大虾、川汁炒干贝。

15. "XO" 鲜酱汁的调制（主料5000克）

（1）调味料　水发瑶柱500克、咸鲻鱼或咸比目鱼鱼粒450克、熟火腿瘦肉粒100克、水发虾米400克、泡红辣椒75克、干红辣椒（切细末）75克、大蒜茸750克、氽熟去壳的蛤蜊肉350克、虾子50克、姜末25克、干葱50克、鸡精100克、味精30克、白糖200克、香油25克、白胡椒粉40克、植物油1500克。

（2）调制　先将水发瑶柱撒成丝，将水发虾米斩成碎粒，将蛤蜊肉斩成碎粒；再将植物油500克放在净锅中烧热，投入姜末、大蒜泥、虾子、煸香，再加250克油放入干辣椒末和泡红辣椒末煸炒至红油渗出，注意再边加油边投料；再把水发瑶柱丝、水发虾米粒、熟蛤肉粒投入煸炒至水分蒸发殆尽，再投入咸鱼粒、火腿粒、煸炒均匀。然后投入鸡精、味精、白砂糖、白胡椒粉、香油炒拌均匀，至鱼粒表面淡黄略起硬皮即可，盛入洁净干燥的容器中，使油封表面贮存待用。

（3）风味特点　色泽红黄相间，海鲜香味极浓，滋味醇厚辣口，适宜于禽、畜、蔬原料的烹调，使之富有海鲜味。

（4）菜品举例　XO酱炒鸡米、XO酱茄子煲、XO酱滑牛柳、XO酱炒三素。

# 附录　厨房常用调料汁速查表

## 一、咸鲜香味汁的调制（主料500克）

1. 蒜香豉汁的调制（蒸、烧）。

   调味料：豆豉泥（永川牌）7克、白糖（糖粉）2克、盐（精盐）3克、鸡粉（家乐牌）2克、金银蒜茸10克。

   菜例：豉汁龙虾、豉汁大虾、豉汁蚬子。

2. 豉香酒汁的调制。

   调味料：永川豆豉25克、郫县豆瓣12克、味精2克、盐2克、白糖2克、葱20克、姜12克、蒜12克、香油25克、料酒50克。

   菜例：豉汁烧排骨、豉汁蒸排骨。

3. 豉香辣汁的调制（蒸）。

   调味料：豆豉15克、老抽12克、盐2克、醪糟汁15克、泡辣椒5克、姜末0.5克、花椒1.5克、鸡粉2克。

   菜例：龙眼咸烧白、干菜咸烧白。

4. 豉香复合汁的调制（蒸）。

   调味料：豉生茸10克、盐5克、味精2克、香醋25克、辣椒油8克、胡椒粉1克、李锦记蒜茸酱10克、白糖1克、姜8克、葱8克。

   菜例：蒸豉香鱼、豉香老板鱼。

5. 豉香海鲜汁的调制（炒）。

   调味料：豆豉泥10克、老抽5克、盐2克、蚝油5克、鸡精3克、（葱、蒜）各15克、洋葱10克、白糖5克、料酒5克。

菜例：豉汁鲍鱼、豉汁扇贝。

6. 豉汁复合味调制 （蒸）。

调味料：永川豆豉10克、美极鲜酱油5克、盐2克、蚝油5克、鸡精3克、葱5克、姜5克、蒜5克、辣椒5克、香菜5克、陈皮1克、白糖5克、芝麻酱10克、胡椒粉2克。

菜例：豉汁天鹅蛋、豉汁蒸蛏子。

7. 柱候豉油汁的调制 （烧、煨）。

调味料：白糖5克、永豆豉5克、金银花10克、味精6克、柱候酱15克、陈皮2克、绍酒3克、胡椒粉1克、干椒丁4克、香油2克。

菜例：柱豉烧猪蹄、柱候鸡、柱候鸭。

8. 豆豉香辣汁 （炸熘）。

调味料：永川豆豉15克、盐3克、蒜末15克、葱末10克、熟花生米末50克、（老干妈香豉）25克、麦芽糖10克、蒜油10克、料酒5克、湿淀粉10克。

菜例：豉香魔芋、豉香酥茄子、豉香土豆条。

## 二、常见糖醋汁的调制（主料500克）

### （一）冷菜常用糖醋汁

1. 白糖20克、米醋40克、姜8克、香油7克、盐2克。

2. 白糖100克、香醋75克、盐2克、菜油50克、葱25克、姜25克、蒜25克、泡辣椒50克、花椒粉2克。

3. 白糖100克、白醋50克、香油10克、盐2克。

4. 红糖50克、醋40克、葱10克、姜10克、蒜10克、香油15克、盐2克、味精1克、白酱油8克。

5. 白糖100克、醋35克、酱油10克、葱10克、姜10克、干红辣椒15克。

6. 白糖75克、醋40克、盐5克、酱油30克、料酒10克、姜10克、香油

10克、干红辣椒2克。

菜例：糖醋拌黄瓜、糖醋白菜、糖醋胡豆、糖醋萝卜卷、糖醋青豆、糖醋辣白菜、糖醋蒜子、糖醋胡萝卜。

### （二）常用热做冷吃、热做热吃的糖醋汁

1. 白糖75克、醋50克、酱油25克、料酒25克、葱15克、姜15克、熟芝麻5克、盐2克、味精5克。

2. 白糖200克、醋130克、料酒20克、酱油5克、盐2克、葱10克、姜10克、蒜10克、湿淀粉100克。

3. 白糖200克、醋70克、酱油5克、盐2克、蒜20克、湿淀粉100克。

4. 白糖10克、醋15克、花椒2克、酱油5克、淀粉2克、香油15克。

5. 白糖60克、醋50克、姜蒜各20克、葱60克、酱油25克、料酒20克、泡辣椒10克、猪油30克、盐6克、味精2克。

6. 白糖80克、醋120克、盐7克、胡椒粉2克、料酒15克、淀粉5克、香油10克、蒜10克、葱5克。

7. 白糖50克、红醋50克、盐2克、料酒10克、葱20克、蒜20克、姜20克。

8. 白糖15克、醋15克、料酒5克、酱油10克、盐4克、香油10克、葱5克、蒜5克、姜5克、湿淀粉20克。

9. 白糖100克、醋15克、番茄酱50克、料酒5克、盐1克、湿淀粉20克。

10. 白糖25克、醋5克、料酒5克、味精1克、胡椒粉4克、葱10克、姜10克、蒜10克、盐5克。

11. 葡萄糖100克、苹果醋75克、盐2克。

12. 白糖100克、醋50克、香油15克、干红辣椒2克。

13. 白糖75克、柠檬汁50克、盐2克、香油15克。

14. 白糖50克、橙汁75克、盐2克、香油10克。

15. 白糖50克、白醋20克、柠檬汁50克、红曲粉0.5克、干红椒2克、

姜2克。

菜例：糖醋排骨、糖醋鲤鱼、糖醋炒藕丝、糖醋脆皮鱼、糖醋咕噜肉、糖醋藕片、糖醋红薯、荔枝鱼、菊花金鱼、荔枝腰块、珊瑚藕片、珊瑚雪莲、泡圆白菜、糖醋龙鱼。

## 三、常用五香汁的调制（主料500克）

1. 五香粉10克、白糖7克、葱15克、姜15克、料酒25克、盐10克、味精1克、香油15克、花椒5克。

2. 五香粉8克、白糖40克、酱油30克、料酒25克、香油25克、葱15克、姜15克。

3. 五香粉8克、白糖5克、葱10克、姜10克、甜面酱15克、盐4克、味精1克、香油20克。

4. 五香粉7克、白糖20克、醋10克、酱油30克、料酒15克、盐5克、葱25克、姜25克。

菜例：五香牛肉、五香心舌、五香酱干、五香鱼、五香排骨。

## 四、常用陈皮味汁的调制（主料500克）

1. 陈皮15克、白糖15克、花椒4克、葱10克、姜10克、盐1克、醪糟汁25克、味精1克、料酒25克、香油10克、干辣椒20克。

2. 陈皮10克、白糖20克、盐4克、干辣椒16克、葱10克、姜10克、酱油15克、料酒15克、花椒6克、醋4克、味精2克、香油10克。

3. 陈皮20克、白糖12克、豆豉10克、泡椒15克、葱12克、姜12克、料酒10克。

4. 味精2克、鸡精5克、香油10克。

5. 陈皮25克、桂林辣酱10克、芝麻酱2克、葱6克、姜6克、醋2克、味精4克。

6. 鸡精4克、香油10克。

菜例：陈皮牛肉、陈皮兔肉、陈皮排骨、陈皮驴肉、陈皮鸡块、陈皮凤爪。

## 五、常用香糟汁的调制（主料500克）

1. 香糟汁150克、白糖5克、胡椒粉1克、盐6克、味精2克、姜2克、鸡粉6克。

2. 醪糟汁200克、白糖2克、胡椒粉2克、盐6克、味精3克、葱6克、姜6克、鸡粉5克。

3. 香糟卤100克、白糖4克、盐8克、胡椒粉2克、料酒2克、味精3克、葱6克、姜6克、鸡精5克。

4. 醪糟汁200克、辣椒酱5克、盐4克、白糖2克、胡椒粉1克、味精4克、鸡精4克。

5. 红糟汁50克、白糖10克、五香粉2克、盐6克、味精6克、葱5克、姜5克。

6. 香糟卤20克、白酒（高度）5克、加饭酒10克、白糖10克、泡椒4克、姜5克、味精6克、鸡粉4克。

菜例：香糟鸡条、香糟鱼片、拉糟鱼块、红糟鸡。

## 六、常用鱼香味汁的调制（主料500克）

1. 泡红辣椒35克、猪化油150克、白糖25克、醋20克、盐2克、酱油3克、葱25克、姜25克、蒜25克、湿淀粉30克。

2. 泡红辣椒45克、蒜20克、葱20克、姜20克、白糖40克、醋30克、酱油10克、盐2克、料酒15克、味精2克、水淀粉30克。

3. 泡红辣椒15克、蒜6克、葱6克、姜6克、白糖8克、醋10克、酱油5克、盐1克、郫县豆瓣10克、湿淀粉5克。

4. 泡红辣椒30克、番茄酱20克、醋5克、白糖20克、盐2克、味精2克、鸡粉8克、葱15克、姜15克、蒜15克。

5. 泡红辣椒40克、海鲜酱20克、醋2克、白糖10克、盐2克、味精2

克、葱10克、姜10克、蒜10克、鸡粉6克。

菜例：鱼香肉丝、鱼香大虾、鱼香肉片、鱼香牛柳、鱼香羊排、鱼香鱼块。

## 七、常用麻辣味汁的调制（主料500克）

1. 花椒面20克、干红椒面75克、红油辣椒100克、姜末10克、葱段20克、酱油10克、盐5克、料酒15克、白糖15克、味精5克、芝麻30克、香油5克。

2. 花椒5克、干辣椒15克、陈皮5克、姜10克、葱20克、蒜10克、酱油15克、盐2克、料酒10克、醋5克、白糖5克、香油10克、味精2克、鸡粉4克。

3. 花椒5克、郫县豆瓣25克、干辣椒10克、胡椒粉1克、姜末5克、葱花10克、酱油15、盐4克、料酒5克、味精2克、清汤200克、鸡精4克。

4. 郫县豆瓣酱25克、辣椒面1克、花椒2克、豆豉5克、料酒5克、酱油8克、盐2克、葱花15克、姜末5克、蒜泥10克。

5. 郫县豆瓣25克、胡椒粉0.5克、花椒面2克、盐2克、酱油10克、料酒6克、糖6克、醋4克、味精2克、葱花4克、姜半3克、蒜泥3克、香油5克。

6. 红油辣椒20克、花椒面4克、酱油15克、芝麻酱10克、味精1克、盐6克。

7. 辣椒油15克、花椒油10克、酱油25克、料酒5克、白糖20克、味精2克、盐2克。

8. 花椒面0.5克、精盐5克、味精2克、料酒25克、葱花5克、香油5克。

9. 生花椒面3.5克、盐3克、酱油25克、料酒10克、白糖20克、葱段25克、姜片10克、香油10克。

10. 花椒面15克、辣椒面15克、五香面4克、盐3克、酱油15克、南酒15克、香油5克、味精2克、白糖2克、葱10克、姜10克、蒜10克。

菜例：麻辣牛肉丝、香麻鸡丁、水煮牛肉、麻婆豆腐、炒山鸡、夫妻肺
　　　片、麻辣鸡块、椒盐兔片、麻辣鸡、麻辣泥鳅、麻辣素鸡、麻辣
　　　家兔。

## 八、常用家常味汁的调制（主料500克）

1. 郫县豆瓣20克、盐3克、酱油7克、味精2克、胡椒粉1克、糖4克、料酒8克、葱花10克、姜末5克、青蒜5克。

2. 郫县豆瓣5克、盐5克、味精1克、花椒粒1克、糖3克、生粉2克、蒜茸4克、料酒5克、鸡粉2克。

3. 泡辣椒6克、盐3克、味精2克、糖2克、料酒5克、鸡油5克、葱片8克、姜片2克、蒜片4克。

4. 酱油15克、盐2克、味精2克、泡椒4克、姜2克、料酒15克。

5. 梅林酱油16克、盐2克、胡椒粉3克、番茄汁25克、白糖8克、姜3克、鸡粉2克、味精2克。

6. 红油50克、椒盐5克、味精1克、盐1克、糖粉2克、芝麻酱2.5克、香油3克。

7. 盐3克、酱油8克、胡椒面1.5克、味精1克、白糖3克、料酒5克、鸡油10克、葱10克、姜10克。

8. 豆豉50克、盐3克、味精3克、鸡粉2克、郫县豆瓣酱25克、白糖6克、料酒30克。

9. 豆酱25克、鸡油10克、姜25克、蒜25克、香油8克。

10. 郫县豆瓣45克、酱油10克、味精2克、料酒2克、葱10克、姜10克。

11. 郫县豆瓣30克、盐2克、酱油10克、醋10克、糖25克、味精1克、胡椒粉0.5克、蒜泥10克、葱段8克、姜米3克、料酒6克。

12. 泡椒末40克、酱油10克、盐2克、郫县豆瓣10克、海鲜酱10克、葱10克、姜5克、料酒10克、味精5克、鸡粉3克。

菜例：家常海参、家常豆腐、家常烧鱼、家常羊肉、家常牛肉、家常素肠、家常三鲜锅巴、芹黄嫩牛肉、梅林牛柳。

## 九、常用酸辣味汁的调制（主料500克）

1. 白醋50克、芥末4克、酱油20克、味精1克。

2. 白醋50克、辣根20克、白糖5克、味精2克。

3. 白醋20、醋精10克、日本辣根20克、白糖5克、味精4克。

4. 苹果醋30克、醋精10克、日本辣根30克、味精2克、胡椒粉1克。

5. 葡萄酒20克、醋精10克、日本辣根20克、鸡粉4克、葱6克、姜6克、油6克。

6. 醋10克、辣椒粉2克、花椒油3克、红油15克、白糖3克、大蒜15克、盐5克。

7. 胡椒粉2克、醋5克、盐5克、味精2克、料酒8克、酱油3克、香油4克。

8. 醋50克、白胡椒面2.5克、盐4克、料酒8克、葱丝15克、姜末5克、姜汁4克。

9. 醋50克、胡椒粉4克、花椒1克、泡辣椒末25克、盐6克、姜片3克、蒜片7克、料酒15克、味精4克。

10. 醋30克、胡椒粉2克、花椒油10克、酱油20克、料酒10克、盐1克、味精2克。

11. 醋40克、蒜泥25克、酱油50克、香油10克、甜面酱25克、葱10克、姜丝10克。（此汁为冷汁）

12. 米醋5克、辣椒油5克、胡椒粉1克、料酒30克、盐5克、葱15克、姜15克、味精2克、鸡油15克。（此汁为冷汁）

13. 芥末酱25克、辣椒酱20克、醋精5克、酱油30克、白糖15克、熟芝麻10克、香油25克、葱丝40克、蒜末25克、姜末15克。

14. 干辣椒10克、鲜红辣椒20克、生姜10克、花椒2克、白醋25克、盐5克、白糖30克、香油10克。（此汁为冷汁）

菜例：生鱼片、生吃龙虾、生吃赤贝、烩乌鱼蛋、烩酸菜、醋椒鱼、酸辣
　　　鱼、酸辣汤、肉丝拉皮、菊花鱿鱼、生拌鱼、酸辣萝卜。

## 十、常用卤肉、卤鸡、卤牛羊肉配方（主料500克）

🅐 卤猪肉、猪蹄的配方。

1. 大茴香0.5克、花椒0.5克、桂皮1克、鲜姜2克、食盐8克、料酒2.5
   克、糖色2.5克、老汤750克。

2. 大葱5克、大蒜1.5克、鲜姜10克、丁香1克、桂皮7.5克、白芷2.5
   克、小茴香1克、山柰2.5克、大茴香2.5克、酱油45克、大盐7克、
   绍兴酒5克。

3. 葱10克、姜10克、蒜10克、白芷0.15克、山柰0.15克、丁香0.15克、
   八角花椒0.15克、桂皮0.15克、草蔻0.15克、良姜0.15克、小茴香
   0.15克、草果0.15克、陈皮0.15克、肉桂0.15克、精盐8克、白糖25
   克、酒1.5克、老汤750克。

4. 大料0.8克、砂仁1.5克、桂皮1.25克、花椒2.1克、生姜15克、食盐7
   克、绍兴酒1克、糖色2克、味精3克、老汤750克。

5. 鲜姜10克、大茴香2克、小茴香1.5克、丁香0.5克、草果0.5克、肉
   桂0.5克、良姜0.5克、白芷0.5克、桂皮1克、花椒1克、食盐7.5克、
   白糖4克、绍兴酒7.5克、白酒5克。

6. 丁香0.1克、大茴香2克、小茴香1.25克、花椒2.1克、桂皮2.5克、鲜
   姜10克、葱25克、精盐5克、酱油45克、白糖17.5克、陈酒15克。

7. 砂仁面1克、大葱10克、姜10克、红曲20克、白糖10克、盐9克、绍
   兴酒10克。

8. 大葱4克、姜4克、大茴香1克、桂皮1克、玉果1克、砂仁1克、良姜1
   克、荜菝1克、草果1克、花椒1克、精盐2克、冰糖3克、酱油40克、
   黄酒10克、老酒750克。

9. 大茴香4克、桂皮2克、砂仁2克、黄酒100克、姜20克、老汤700克。

10. 生姜5克、大茴香3克、花椒3克、山柰3克、良姜3克、丁香3克、小茴香1克、桂皮3克、酱油30克、食盐3.5克、白酒4克、老汤750克。

11. 花椒0.3克、桂皮0.5克、大茴香0.6克、良姜0.4克、草果0.2克、丁香0.2克、玉果0.2克、荜菝0.2克、精盐8克、酱油10克、老汤750克。

12. 生姜7.5克、肉桂1.5克、良姜1克、丁香0.3克、八角2克、荜菝0.8克、白芷0.3克、山柰0.8克、草果1.2克、食盐8克、酱油10克、料酒10克。

13. 花椒10克、陈皮16克、甘草16克、八角10克、草果10克、丁香1克、桂皮10克、水200克、酱油88克、食盐10克、白糖44克。

14. 花椒4克、八角2.5克、桂皮4克、丁香1.5克、草果4克、酱油35克、精盐3克、白糖25克、黄酒6.2克。

15. 葱8克、姜6克、花椒0.5克、大料0.5克、桂皮0.5克、砂仁0.5克、豆蔻0.5克、丁香0.5克、草果0.5克、小茴香0.5克、酱油16克、盐5克、味精1克、白糖10克、绍酒10克、糖色2克。

16. 花椒0.75克、大茴香0.75克、桂皮0.5克、丁香0.5克、白芷0.5克、小茴香0.5克、草果0.75克、陈皮0.25克、大葱15克、良姜1克、食盐9克、酱油5克、老汤700克。

17. 大葱1.5克、鲜姜1.5克、花椒1克、八角1.5克、白芷1.25克、桂皮1.25克、酱油40克、白糖10克、精盐3克、绍酒20克、蜂蜜5克。

Ⓑ 烤肉配方。

18. 玉香粉0.3克、精盐8克、白酱油12克、饴糖0.6克。

19. 孜然粉3克、辣椒粉5克、精盐6克、辣酱油4克、饴糖5克、鸡粉2克。

20. 孜然粉2克、香叶粉1克、洋葱粉2克、小茴香粉1克、食盐8克、料酒2克、饴糖2克。

21. 酱油2克、食盐1克、饴糖2克、黄酒1克、水解蛋白1克、花椒3克、八角2克、桂皮1克、干姜丝3克、蒜汁2克、烟熏剂4克。（此汁为熏烤汁）

22. 香叶1克、桂皮1.5克、八角1.5克、小茴香0.5克、花椒1克、丁香0.5克、食盐9克。

23. 食盐2克、酱油4克、料酒3克、味精5克、饴糖3克、增香剂0.02克、八角2克、桂皮1克、花椒1克、豆蔻0.5克、三奈0.5克、丁香0.5克、姜1克、葱2克、蒜3克、烟熏料5克。

24. 果糖3克、洋葱粉4克、大蒜粉4克、食盐5克、水解植物蛋白0.3克、芥籽粉2克、罗勒粉1克、丁香粉0.1克、柠檬汁2克、匈牙利椒3克、烟熏料5克。

25. 大葱10克、姜5克、蒜25克、花椒粉1克、玉香粉1克、精盐7克、酱油5克。

26. 胡椒粉、花椒粉各1.5克、生姜10克、混和香料8克（肉桂2克、丁香0.5克、荜菝1克、八角1克、甘草1克、桂子0.5克、山奈2克）、食盐8克、白糖5克、白汤5克、香油10克。

27. 大茴香粉1克、玉香粉1克、生姜汁1克、胡椒粉0.5克、食盐37.5克、白糖37.5克、味精0.75克、黄酒2.25克。

28. 小茴香5克、桂皮1克、肉桂2克、草果2克、小豆蔻1克、干红椒1克、丁香0.5克、孜然0.1克、盐6克、冰糖5克、饴糖2克、酱油15克、黄酒5克。

29. 孜然2克、干椒1克、花椒3克、姜黄粉4克、黑胡椒1克、白胡椒1克、精盐7克、白糖2克、黄酒4克。

## 十一、常用卤鸡配方

1. 砂仁0.25克、小豆蔻0.25克、丁香0.25克、草果2克、陈皮2克、肉桂0.3克、高良姜0.3克、白芷0.3克、荜菝0.2克、八角0.2克、盐7.3

克、老汤750克。

2. 花椒0.5克、八角0.5克、小茴香0.5克、山柰0.25克、良姜0.25克、丁香0.25克、白芷0.25克、桂皮0.25克、陈皮0.25克、川椒0.25克、食盐8克、老汤750克。

3. 花椒1克、八角1克、桂皮1克、姜0.25克、葱段2克、酱油5克、盐5克、黄酒24克、水700克。

4. 八角1克、丁香0.5克、肉蔻0.5克、荜菝0.5克、花椒0.5克、砂仁0.5克、桂皮0.5克、姜10克、水750克、酱油15克。

5. 姜3.3克、小茴香0.7克、肉蔻0.7克、草果0.7克、草蔻0.7克、陈皮0.7克、花椒0.7克、砂仁0.1克、丁香0.35克、白芷1.7克、桂皮1.7克、八角1.2克、山柰1克、食盐10克、酱油53克、老汤700克。

6. 生姜2克、丁香2.5克、肉桂2.5克、砂仁1克、紫蔻1克、大料1克、茴香1克、玉果0.5克、白芷0.5克、酱油30克、精盐2.5克、饴糖10克、口蘑1克、老汤750克。

7. 葱3.3克、姜3.3克、茴香1.67克、桂皮1.67克、陈皮1.67克、丁香0.33克、砂仁0.2克、盐2克、酱油40克、白糖3.3克、绍酒2.3克、老汤750克。

8. 大蒜6克、鲜姜6克、茴香1.68克、桂皮1.68克、陈皮1.68克、丁香0.33克、砂仁2克、盐3.3克、酱油20克、白糖10克、老酒700克。

9. 花椒3克、小茴香3克、大葱3克、鲜姜3克、食盐8克、糖色5克、香油3克、红曲米5克、水800克。

10. 花椒2.5克、桂皮2.5克、大料2.5克、草果2.5克、陈皮3克、甘草3克、丁香0.25克、白糖11克、生抽22克、食盐4克。

11. 甘草5克、花椒6克、干辣椒2只、葱20克、酱油20克、米酒20克、苹果汁10克、水800克。

12. 干红椒1只、葱20克、酱油25克、米酒10克、冰糖10克、五香粉30克（包成包）、水800克。

13. 八角10克、花椒3克、甘草2克、酱油20克、糖色5克、味精5克、鸡粉5克、干红椒1个。

14. 桂皮2克、草果1克、陈皮1克、姜6克、花椒2克、干红椒1个、米酒10克、酱油20克、甘草1克、小豆蔻2.5克、水800克。

## 十二、常用卤鸭、酱鸭、烤鸭配方（主料500克）

1. 小茴香2克、盐2克、水750克。

2. 小茴香2克、八角、生姜各1克、粗盐8.9克、水800克。

3. 桂皮5克、鲜姜10克、花椒6克、陈皮3克、丁香2克、砂仁5克、酱油10克、盐9克、白糖10.7克、水500克。

4. 丁香1克、盐5克、酱油20克、黄酒4克、酱色4克。

5. 姜6.6克、葱1.67克、茴香1.67克、八角3.3克、山奈3.3克、桂皮3克、盐5克、酱油16.6克、冰糖16.6克、白糖16.6克、料酒16.6克、水750克。

6. 大茴香15克、花椒5克、陈皮4克、肉桂3克、桂皮5克、排草10克、灵草5克、草果6克、葱10克、姜15克、精盐10克。

7. 大葱20克、鲜姜10克、大料1克、陈皮2克、桂皮15克、丁香0.5克、食盐2克、酱油40克、白糖7.5克、黄酒10克。

8. 大葱20克、鲜姜10克、八角2克、丁香1克、草果2克、桂皮3克、肉桂10克、食盐7克、冰糖5克、酱油30克、白糖5克、黄酒20克。

9. 砂仁5克、大葱3克、盐5克、黄酒10克、酱油20克。

10. 桂皮1.5克、八角1.5克、麦芽糖10克、味精8克。

11. 五香粉2克、蒜1克、葱白1克、豉酱8克、香油1克、盐8克、白糖2克、50度白酒0.5克、芝麻酱1克、生抽2克。

12. 排草2克、香茅草1克、辛夷1克、肉桂5克、丁香2克、小茴香1克、盐7克、冰糖4克、水700克、黄酒20克。